U0277412

[日]金子守 著 张 企 崔晓倩 译

博弈理论与魔芋对话

Game Theory and Mutual Misunderstanding

ZHEJIANG UNIVERSITY PRESS
浙江大学出版社

目　录

中文版序言

我的老朋友张企教授在崔晓倩教授的协助下将我的书 *Game Theory and Mutual Misunderstanding*（Springer，2004）翻译成中文，让这本书有更多新的读者，对此，我诚挚地感谢他们的帮助。

首先，我想提及翻译的过程。这本书最初是以日文的形式在2000—2002年间撰写的。由于在2000年的时候，我恰好50岁，我尝试依照柏拉图的想法改变我的研究风格，而且尝试以对话的形式写下一本书。这本书出版后，我在Ruth Vanbaelen女士的大力协助下将它翻译成英文。由于是以对话的形式写成，其中的某些部分与日本的文化有很大的关联，这增添了我们在翻译成英文时的困难，因此，英文版的某些部分与日文版不尽相同。

或许，将英文版翻译成中文时，张教授也遇到类似的情况。很幸运地，崔教授精于日文，她在筑波大学获得博士学位时，我是她论文答辩时的口试委员。当他们遇到困境时，崔教授会比较英文和日文的版本，再选出一个恰当的中文翻译。纵使如此，我相信他们仍旧遇到许多困难。然而，根据我中国朋友的说法，这是个上乘的翻译工作，我很高兴并以能有这个中文版而骄傲。

其次，我之所以以对话的形式书写，除了个人对于柏拉图的钟爱外，也是为了便于读者了解这本书。在述说这些理由之前，我要提一下这本书的本质。或许，它看来与教育相关，就操作上而言，我们可以让本科生或研究生以角色扮演的方式实际参与讨论，所以这本书具有教育的功能，但是它最主要的目的是寻求、探索博弈理理论和经济理论的新领域。

选择以对话的形式呈现与博弈理论和经济学所探讨的议题有关。这是两门属于社会科学的学科，它们必须与经验相关。对于经验科学，我们有个要件，就是它的某些部分或某些结果必须能在经验世界，或更直接地，经由实验检视。诚如书中所谈的，到目前为止，对于这两门学科是否能够提供足够的词汇来达到这个要求，我并不那么乐观。因此，我们改以仔细审查它们是否达到预期的目标以及它们使用的方法来检验现有理论的基础，经由这样的检视，我希望能提出更好的词汇和更多的概念来讨论许多希望了解的社会问题，这是选择以对话的方式书写的主要理由。

另一个理由类似但跟我的研究策略有直接关联，就是考虑人们为什么及如何会有、或可能有人际之间的思维以及不同的人格，社会角色是了解人类社会这些层面的关键。编写一段对话，需要思考每一个角色特有的性格和人格，在写作这本书的过程中，我借由对话形塑了每一个个体不同的个性、特质。我需要考虑每一个人在社会中生活的许多不同的面向，比方说，人们会因不同的社会或家庭背景而形成不同的人格和习性。

在博弈理论和经济学的文献中，我们都不曾见到有关这些方面的讨论，若这些学门亟欲处理的议题与人类社会相关的话，这些讨论应当十分重要。

我致力于归纳博弈理论（inductive game theory）的研究已经有相当长的时间，书中的前言和第五幕也触及到这个部分。或多或少，这本书是我约于 2000 年时在这个理论上研究的成果，它继而对我在归纳博弈理论近来的研究也产生很大的影响；对于这个理论的研究，我和澳大利亚昆士兰大学的 Jeffrey J. Kline 已经有了很大的进展，对此我将在前言中说明。借着角色扮演去思考人际概念的部分特别值得一提，对话和角色扮演提供了这项研究重大的启示，因此，对话的写作和研究本身也是相辅相成的。

现在，最好交由读者们来判断我的目标是否达成，无论如何，我相信读者都会喜欢这本书的。

前言：博弈理论的背景与现状

冯·诺依曼（1903—1957）于1928年所发表的一篇论文，开创了博弈理论这门学问。虽然已有学者在这之前提出了相同的论点，但是冯·诺依曼是第一个使用严谨的数学形式表现这个概念。[①]他与摩根斯顿（1902—1977）共同写作的《博弈论与经济行为》（von Neumann and Morgenstern，1944，1947），进一步使数理社会科学有了更为宽广的视野。冯·诺依曼和摩根斯顿在该书的前言中强调博弈理论的适用范围，除了原来指的博弈（象棋、国际象棋、扑克牌等）外，更可推广至社会、经济问题；当然，他们更关注博弈理论对于后者的贡献。

除了博弈理论，冯·诺依曼在公理化集合论、量子力学的数学基础，以及其他数理科学领域也贡献良多；此外，他也是现代计算机科学之父，对于1941年后所谓"曼哈顿计划"的原子弹、氢弹开发，都有莫大的影响。冯·诺依曼不仅是20世纪伟大的数理学者，他的许多传奇事迹亦广受人们颂扬（请参考Heims［1980］一书），据说库布里克导演的电影《奇爱博士》中的天才博士便是以他为范本拍摄而成。

虽然冯·诺依曼对于之后的博弈理论的发展没有直接的贡献，但他与摩根斯顿直接或间接指导的学生们，如沙普利（L. S. Shapley）、舒贝克（M. Shubik）、纳什（J. F. Nash）、奥曼（R. J. Aumann）等，仍

---

① 有关博弈理论的起源将会在本前言的后段提及，冯·诺依曼的相关文献请参考von Neumann（1953）。

持续博弈理论的研究。在 1970 年以前，从事博弈理论研究是以数学学者为主，不过，这门学问已逐渐进入到经济学。1980 年后，经济学家开始对博弈理论进行系统性研究，研究博弈理论的学者人数也随之剧增，不单是对于理论本身的研究，在经济学的各个面向也有许多的应用。目前，博弈理论除了是经济学的一个主流研究方向外，对于政治学或其他社会科学研究的进展也多有贡献。与此同时，许多崭新的想法如演化博弈理论、实验博弈理论以及行为经济学等分支也陆续出现。

由从事博弈理论研究的学者得到诺贝尔经济学奖的人数，可以见到这个领域爆炸性的发展：1994 年的纳什、海萨尼（J. Harsanyi）、泽尔滕（R. Selten），2005 年的奥曼、谢林（T. C. Schelling）以及 2007 年的赫维茨（L. Hurwicz）、马斯金（E. S. Maskin）、迈尔森（R. Myerson）都获此殊荣。其中的纳什特别值得一提，他不但因为数篇博弈理论的论文而获奖，他在微分几何学也有重要的贡献。1960 年后，由于受到精神疾病的折磨，他在学术上并无太大建树。2001 年荣获奥斯卡最佳影片奖的电影《美丽心灵》，便是以他的故事为题材拍摄而成，我们也可从这看到博弈理论受瞩目的程度。

除了延续冯·诺依曼时代的想法以及方法外，博弈理论近来也衍生出许多新的理论。然而，这些新的理论良莠不齐，哪些具有未来性、哪些在概念上并不完整而必须舍弃，有关这些议题的讨论相当不足。似乎论文能够刊登在知名的学术期刊，或某位学者登上知名大学的讲坛，就会成为学界话题，就会成为领域权威。但若实际仔细检视这些论文，则会发现内容呈现相当混乱的状态，从这个角度看来，博弈理论需要全面的反省。

我深信博弈理论已有相当大的进展，但从博弈理论的根本意义而言，它还不算是门发展得十分完整的学问。许多研究成果只捕捉到社会经济问题的某个层面，完全忽略了理论与研究对象之间的关系，关于人们的思维以及决策的过程等议题都简单略过。目前的做法只是描述社会问题的现象，对于人类的行为并无深入地探究，如果要从博弈理论的根本意义出发，就必须明确界定出博弈理论的基础，以及被分析对象和理论之间的关系。因此，本书采取批判的角度来重新检视现有的博弈理论，并希望经由这个过程归结到我的目标，也就是归纳博弈理论，关于这个部分，将在前言的最后谈到。

博弈理论是利用数学方法来分析人类社会，因此，数学工具不仅和作为分析对象的人类社会，也和作为分析者的博弈理论学者有直接或间接的关系，这些关系当然有必要厘清。但是现今的博弈理论并没有严格区别这些差异，以致产生许多混淆与误解，本书第二幕提及的“魔芋对话”，就是希望反映出人类社会充满了这些现象。想要厘清这些问题，必须回归到博弈理论的基础。当然，这些现象的存在很难避免，但从学术研究的角度而言，这些是可以规避的。本书的目的之一，就是希望借由批评将问题凸显出来，而非以批评为目的，我认为这是使得博弈理论更臻纯熟的必要过程。

本书探讨的问题包括了人类行为与社会以及以此为对象的学问与方法，这些问题相互交错，呈现的复杂样貌超乎想像。要解决这些问题，必须先充分了解问题的状况，然后再找出这般复杂现象的成因，换句话说，我们必须先从问题的源头开始探究。

本书以苏格拉底式的对话方式进行，为了使问题更为明确，我利用常识性的想法为出发点，然后针对这个出发点再作进一步地深究思辨。具体来说，我们形塑出三位学术经历不同的人物为本书的主角，由他们来解说现有的理论并且论述学界所给予的评价以及理由，再针对理论该具备的原理或原则进行探究。本书也安排了深受学界潮流影响的学者登场，借由他们来描述学界的僵化思维，以及既有的思考逻辑又是如何产生。其实，学术的世界与现实的社会是遥相呼应的。

博弈理论的历史：von Neumann 和 Morgenstern（1944，1947）之后的发展

首先，我们观察博弈理论在 von Neumann 和 Morgenstern（1944，1947）之后的发展。至于冯·诺依曼是如何获得灵感而发展博弈理论的，这个重要的议题请容许我于下一节再述。

诚如前述，冯·诺依曼和摩根斯顿让博弈理论有了更为宽阔的视野，他们的著作（von Neumann and Morgenstern，1944，1947）大致可以整理成以下三个部分：

(1) 期望效用理论；

(2) 树状型博弈理论以及将“策略”化约的标准型博弈理论；

(3) n 人合作博弈理论。

对于想要从事博弈理论研究的人而言，这本书的第一章是必读的章节，他们以牛顿前后的物理学史为例来探讨博弈理论的研究指向与基准。

(1) 在 20 世纪 50 年代，期望效用理论的研究大致成形，①有别于冯·诺依曼的原意，期望效用理论后来逐渐朝向主观概率论的方向发展。Savage（1954）将期望效用理论进行推广，由偏好关系与公理体系发展出主观效用，也导出主观概率，1970 年以后，这些概念成为强调主观性的博弈理论的基础。本书将针对这个部分提出批判性的看法。②

(2) 树状型博弈理论可视为博弈理论的基础，有关信息与决策相互关系的呈现，这个模型提供了一个一般性的架构。然而，

---

① 例如 Herstein 和 Milnor（1953），与博弈理论有关的部分请参照 Kaneko 和 Wooders（2004）。

② 关于期望效用理论中的概率这个概念，von Neumann 和 Morgenstern（1944，1947）是采用频率说的观点，Hu（2009）除了更为明确这个想法外，并将由从频率说的观点导出的期望效用函数公设化。

到目前为止，树状型博弈理论仍只局限在理性主义（rationalism）的范畴（由事前的立场进行决策），就是假设每位参与者事前都知道博弈的结构。但是若从信息与决策的相互关系的角度来看，树状型博弈理论应该提供更多的讯息才对，我们将从基本假设上重新检视、讨论信息汲取的问题。①

von Neumann 和 Morgenstern（1944，1947）以四分之三的篇幅、超过六百页的内容说明（3）n 人合作博弈理论，以及“稳定集”（the stable set）这个解概念（solution concept）的数学证明。关于“稳定集”的研究，近来已不多见。依照 von Neumann 和 Morgenstern（1944，1947）的解释，“稳定集”意指“由于历史与现实的因素使得社会形成一种稳定的状态”。我认为，这样的想法虽然对于了解社会相当重要，但“稳定集”的数学表现并没有体现出他们所想要反映的现象，这是个失败的工作；失败的关键在于“稳定集”对于社会的历史、人类的意识等层面只停留在解释与说明的层次。本书第五幕会稍微论及合作博弈理论，但不会讨论“稳定集”。冯·诺依曼和摩根斯顿所提到的社会科学的概念和 Lewis（1969）的惯性论比较相近，或许可以包含在这个前言将会提到的归纳博弈理论中，但是这些都和“稳定集”有很大的不同。

紧接着 von Neumann 和 Morgenstern（1944，1947）之后，Nash（1951）介绍 n 人非合作博弈理论，他将冯·诺依曼的“最小最大定理”（minimax theorem）推广至 n 人的均衡概念，也就是所谓的纳什均衡。在混合策略的条件下，他证明纳什均衡存在。“纳什均衡”和冯·诺依曼的“最小最大定理”的存在性证明都使用了布劳威尔的不动点定理。不动点定理虽然是研究博弈理论以及数理经济学的重要工具，但由布劳威尔所开始的直观主义（建构）数学的观点来看，这个定理是一个非建构性的定理。无论从

① 将“信息”的概念重新检视，并重新对树状型博弈理论定义，可参考 Kaneko 和 Kline（2008b）。

学术层面或从学说史的角度来说，这个部分都相当复杂，这与冯·诺依曼和摩根斯顿之前的博弈理论的起源有关联。相关内容除了将在下节提及外，本书的插曲一以及第四幕也有说明。

Nash（1951）这篇文章对于博弈理论以及经济学的发展具有非常深远的影响。首先，Arrow 和 Debreu（1954）使用纳什均衡存在性定理的手法证明市场均衡的存在。学者们对于一般均衡理论的探讨也多集中在如何使用布劳威尔的不动点定理，在 20 世纪 50、60 年代，有关这方面的论文相当的多。①

如果只关注与博弈理论直接相关的研究，虽然在 20 世纪 40—60 年代间，有众多不同类型的论文，但是合作博弈理论的研究可视为主要的路线。Shubik（1959）、Debreu 和 Scarf（1963）以及 Aumann（1964）证明在市场博弈中，“核”（core）会收敛到市场均衡，这个收敛定理说明埃奇沃斯所预设的“当市场参与者增加时，契约曲线会收敛至竞争均衡”尤其值得一提，这个定理让所谓的“一物一价法则”以及“完全竞争市场”等概念更为清晰，是博弈理论对经济学的重要贡献。到 20 世纪 70 年代为止，利用博弈理论（特别是“核”概念）来分析市场均衡的研究相当盛行。

在这一段期间，有一些扎实却不起眼的研究工作隐藏在主流研究的背后进行着，其中的某些成果在 20 世纪 90 年代以后成为主流的研究方向。虽然对于研究工作有所谓的流行或不流行的区别，我无法完全认同，但不容否认地，一个研究方向之所以会流行一定有其道理，不能因为它流行就觉得不值得重视，尤其是蔚为流行风潮的论述，都含有相当重要的观念。

就拿市场均衡理论来说，Gale 和 Shapley（1962）的“配对博弈”（matching game）、Shapley 和 Shubik（1971）的“指派博弈”（assignment game）就属于这类型的研究，这类研究目前十分盛行，相关的文

---

① 有兴趣的读者可参考 Arrow 和 Hahn（1971）；此外，关于后续的发展也可参考 Mas-Collel、Whinston 和 Green（1995）。

献也被大量刊载。许多经济学和博弈理论的研究都将财货视为连续的实数，然而关于住宅、劳动机会等不可分割之财货，应该以非连续的方式来处理，“配对博弈”和“指派博弈”的研究给予那些使用连续实数来看待这些财货的学者们一个重新思考的机会。其实，von Neumann 和 Morgenstern（1944，1947）的第六章已触及类似的问题，他们在书中的第一章强调了离散数学在博弈理论或数理经济学的重要性。

在纳什均衡方面，Nash（1951）把“各个参与者完全明了博弈的结构”视为模型背后的假设。在这个假设下，Selten（1975）尝试选取纳什均衡的部分集合，即所谓均衡的精炼化（refinements）。Harsanyi（1967/1968）放宽“各个参与者完全明了博弈的结构”的假设，开创了不完全信息博弈理论。这些承袭树状型博弈脉络的研究，在 20 世纪 80、90 年代相当盛行，这类研究虽然声称在探究“理性／理性思考”，其实并未针对“理性／理性思考”进行探索，大多仅在讨论、寻求其他的均衡条件，或对萨维奇的主观概率论进行化约。均衡的精炼化到头来只成为短暂的流行，徒然留下一堆不具价值的残骸而告终。我认为研究“理性／理性思考”是一个相当重要的论点，只是何谓“理性／理性思考”不该仅只达到说明的层次，而是应该有更明确的讨论。

不过，在这股风潮中，也产生了可能具有贡献的研究，Lewis（1969）和 Aumann（1976）对于“共同知识”（common knowledge）的发现就是其中之一。在探讨博弈理论的“理性／理性思考”时，不能忽视这个概念，我认为这是将博弈理论和逻辑学进行链接的重要关键，本书将会提及这个部分（第四幕）。到目前为止，虽然有许多相关的研究陆续出现，很遗憾地，“理性／理性思考”这个概念并没有被认真地探究过。

事实上，这方面的研究也呈现出一些混乱。Lewis（1969）将共同知识定义为“命题”的属性，但 Aumann（1976）在树状型博弈的“信息分割模型”（information partition model），是以“事件”

(event) 的属性定义共同知识。在逻辑学体系中，对于共同知识，不论是证明论或模型论都有明确的形式来表现（请参考 Kaneko [2002]）。由于模型论中的Kripke 模型和信息分割模型在数学构造上非常类似，[1]许多博弈理论学者都以为两者是一样的，但是从概念上来说，这两个模型是构筑在不同的理论基础之上。Kripke 模型呈现的逻辑可能性具有假设的性质，相对而言，信息分割模型则是呈现实际的信息汲取和决策行为之间的互动关系，是树状型博弈的特殊状况。因此，这两个理论所体现的的概念不同，有必要对这两者之间的差异进行更为明确的界定。[2]当然，这包含了对于“共同知识”概念本身所存在的差异。

产生混乱有许多原因，对于研究的基准欠缺周延的考虑是其中之一，最常见的就是“过度相信数学的一般性”以及对于基准/指标的盲目跟从。许多研究因为太着重表面的“数学的一般性”而无视“概念上的不相同”，以致产生许多混乱且无意义的发展。本书第一幕就是针对“一般性”，这个对于博弈理论或数理经济学都很重要的概念进行讨论。

最后，我要对从 20 世纪 80 年代开始的研究领域——演化博弈理论与实验博弈理论（行为经济学）——稍作说明。关于前者，本书会有若干探讨，这个理论主要是将影响个人思考、决策等因素除去，把问题归究于遗传基因、适者生存、突发变异等因素。演化博弈理论大约在 1980 年前后开始受到重视，我当时非常雀跃，认为这是个可以重新审视“理性主义博弈理论”的机会。但非常遗憾地，其后的发展不是局限在技术层面的精致化或表面层次的阐释，就是仅考虑形式上的衔接，而忽略“理性主义博弈理论”概念上的差异，演化博弈理论的研究结果并没有成为重新审视“理性主义博弈理论”的契机。

---

① 关于 Kripke 模型请参考 Hughes 和 Cresswell（1984）、Kaneko（2002）。
② Kaneko 和 Suzuki（2003）对这个差异有更为明确的说明。

本书并没有针对实验经济学进行讨论，但从插曲二不难理解实验博弈理论或行为经济学的必要性。一个有意义的实验研究，必须认真思考该“如何去解读人类或社会”。然而，审视到目前为止的实验博弈理论或行为经济学（Camerer[2003]）的研究，理论背后的基本概念仍多架构于“理性主义的博弈理论”上。我们清楚在一个社会中，人们的行为往往基于顾虑他人的情感而有所不同，然而在实验博弈理论或行为经济学中，只是在个人的效用函数中用一个变量来处理这个环节。相对于现有的经济学或博弈理论来说，这样的处理方式只是非常微小的推广。事实上，有关人类社会细部的认知，实验研究可以补足理论研究的不足，相反地，理论研究可以成为实验研究的指标，我期许这两者之间能有这样健全的互动。

博弈理论的起源：从希尔伯特到冯·诺依曼

在概观 von Neumann 和 Morgenstern（1944，1947）后的博弈理论的发展，接着我们谈谈博弈理论的起源。一般有“冯·诺依曼在玩扑克牌时触发了博弈理论的灵感”的说法，其实这和“牛顿因为观察掉落的苹果而发现了万有引力”一样，只是方便一般大众了解何谓博弈理论或牛顿力学的说法。其实，就如同牛顿的万有引力定律植基于哥白尼的天体运行学说以及伽利略的力学基础，冯·诺依曼的博弈理论也有其学术背景。

冯·诺依曼生于 1903 年，他在 1927 年因为发表公理化集合论的论文，而成为世界顶尖的数学学者，他在此时已深受哥廷根大学希尔伯特的影响。20 世纪初，罗素发现康托集合论中存在矛盾，由古希腊以来的数学历史，这是所谓的“数学的第三次危机”。为了解决这个问题，希尔伯特发展出证明论（有关数学性推导的理论），他利用这个方法证明数学体系中的无矛盾性（contradiction-freeness）。就在这一时期，冯·诺依曼写出博弈理论的论文。

在希尔伯特之前，如果要证明数学体系的无矛盾性，必须从这个体系的模型着手，而这种方法是将欧几里德几何体系中的无矛盾性化约为实数体系的无矛盾性，属于相对无矛盾性的探究。相对于此，希尔伯特是将从公理体系到推理法则的整个过程都以符号操作的形式来探讨，所谓“证明”便成为符号文法上的变形。据此，透过符号的变形论述，无矛盾性的定义即为不存在矛盾的证明，这是绝对无矛盾性的探讨。①

我要强调希尔伯特的证明论与冯·诺依曼的博弈理论之间的思维相互呼应。希尔伯特的证明论是“数学学者理想的数学行为的理论”，而冯·诺依曼的博弈理论则是“社会人之社会行为的数学理论”。我曾经大胆推测，冯·诺依曼是受到希尔伯特证明论的影响而得到灵感，从而开启博弈理论的研究，所以我也曾尝试从冯·诺依曼的论著中寻找是否存有这样的线索。很遗憾地，我只在冯·诺依曼 1927 年的文章发现他将希尔伯特的证明论视为记号变化的逻辑博弈，其他别无所获。

博弈理论与希尔伯特的证明论的关系之所以重要，是因为为了证明无矛盾性，学界曾经费了一番工夫思考“数学行为（证明）”为何物。从数学的脉络上来说，“理性／理性思考”这个概念已有具体形式，如何将“理性／理性思考”这个概念应用在博弈理论上必须有所考虑，也必须有所限制。我认为希尔伯特的证明论对于博弈理论在“理性／理性思考”基础上的发展，将会是一个重要的参考。

我们曾经提及布劳威尔的不动点定理是博弈理论或数理经济学中一个重要的工具，但从布劳威尔的直观主义数学来看，这并非一个建构性的结果。博弈理论论述人们的意识决定行为，在这个层次上所意指的行为，必须深入到意识决定的具体内容，如果

---

① 至于希尔伯特的证明论以及他的无矛盾性证明的后续发展，请参考 Reid（1970）、Kleene（1967）、Mendelson（1988）。

只是单纯主张“存在”，相当没有意义。从数学发展的脉络来说，在20世纪20、30年代，希尔伯特的证明论学派与布劳威尔的直观主义学派两者之间曾激烈地争论过。我以为，对于博弈理论未来的发展，应该可以从这个争论中获得不少学习的重点，本书的插曲一对于这个问题会有所讨论。

以发展归纳博弈理论为目标

在前面，我说明了撰写这本书的一些背景。在1980年左右，我开始酝酿归纳博弈理论的想法。从社会科学的角度来分析人类的行为时，我不希望只考虑行为面和动机面（效用极大化），而是在社会的脉络中探讨个人的思维与行为之间的相互关系。因此，明确人的思维是必须面临的课题，我开始研究逻辑学（或数学基础论），专注于模态逻辑学领域中的认知逻辑学的研究，直至今日。

这些研究沿袭了冯·诺依曼的脚步。我作为博弈理论/经济学者，除了关注博弈理论与经济学的发展之外，从1985年到2000年左右，我几乎埋首于认知逻辑学及其在博弈理论上的应用。虽然我是朝着建立归纳博弈理论的方向努力，但不容讳言，我从认知逻辑学的形式以及操作技巧上得到相当大的启发，也领悟到许多无法借着博弈理论获致的宝贵想法。其实，从社会科学的观点来看，认知逻辑学有着一个很大的问题。

这个问题是认知逻辑学无法在其自身的体系中进行议论的，这里我所指的是人的认知的根本部分，也就是先验性的信念或知识。从认知逻辑学的角度来看，先给定信念或知识，而后再进行推演与讨论。至于如何从经验中衍生出先验性的信念（知识），就是研究归纳博弈理论的目的之一，Kaneko和Matsui（1999）是使用“归纳博弈理论”这个名称最早的文献。

大约在2000年左右，我着手进行归纳博弈理论的研究，借着和合作者的频繁讨论、论文发表，我采取比较批判的角度来检讨目前的博弈理论或经济学所发展出来的概念，哪些可以继续援用，哪些又必须舍弃。虽然到执笔撰写本书为止，这些工作并没有完成，但这本书仍是我尝试有系统地从批判角度检讨既有理论的书籍。在阅读本书之后，可以发现许多欧美教科书上所刊载的标准理论，在概念上都有进一步检讨与探究的空间。本书希望借着针对这些标准理论的检视与批评，以朝向发展出更进一步的理论为目标。对我而言，这个目标就是归纳博弈理论，它和认知逻辑学的发展也是相通的。这些研究概念在 Kaneko 和 Kline（2008a）中有详细的论述，Kaneko 和 Kline（2008b）以及 Kaneko 和 Kline（2010a）则针对个别的部分作了更深入的探讨。此外，有关认知逻辑学与归纳博弈理论之间的衔接与结合，Kaneko 和 Kline（2010b）一文也提出了相关论述。

不知不觉写了这么长，期盼这篇前言能对理解本书有所帮助。

参考文献

Arrow KJ, Debreu G（1954）Existence of an equilibrium for a competitive economy. *Econometrica* 27：265－290.

Arrow KJ, Hahn F（1971）*General competitive analysis.* Holden-Day, San Francisco.

Aumann RJ（1964）Markets with a continuum of traders. *Econometrica* 32：39－50.

Aumann RJ（1976）Agreeing to disagree. *Annals of Statistics* 4：1236－1239.

Camerer CF（2003）*Behavioral game theory.* Princeton University Press, Princeton.

Debreu G, Scarf H（1963）A limit theorem on the core of an economy. *International Economic Review* 4：235－246.

Gale D, Shapley LD（1962）College admissions and the stability of marriage. *American Mathematical Monthly* 69：9－14.

Harsanyi JC (1967/1968) Games with incomplete information played by 'Bayesian' players, Parts Ⅰ, Ⅱ, and Ⅲ. *Management Sciences* 14: 159-182, 320-334, 486-502.

Heims SJ (1980) *John von Neumann and Norbert Wiener*. MIT Press, Cambridge.

Herstein IN, Milnor J (1953) An axiomatic approach to measurable utility. *Econometrica* 21: 291-297.

Hu T (2009) Expected utility theory from the frequentist perspective. *Economic Theory*: DOI: 10.1007/s00199-009-0482-9.

Hughes GE, Cresswell MJ (1984) *A companion to modal logic*. Methuen, London.

Kaneko M (2002) Epistemic logics and their game theoretical applications: introduction. *Economic Theory* 19: 7-62.

Kaneko M, Kline JJ (2008a) Inductive game theory: a basic scenario. *Journal of Mathematical Economics* 44: 1332-1363.

Kaneko M, Kline JJ (2008b) Information protocols and extensive games in inductive game theory. *Game Theory and Applications* 13: 57-83.

Kaneko M, Kline JJ (2010a) Partial memories, inductively derived views, and their interactions with behavior. *Economic Theory*: DOI: 10.1007/s00199-010-0519-0.

Kaneko M, Kline JJ (2010b) Two dialogues on epistemic logics and inductive game theory. To appear in the *Advances in mathematics research*, Vol. 12. Nova Science Publishers, NY.

Kaneko M, Matsui A (1999) Inductive game theory: discrimination and prejudices. *Journal of Public Economic Theory* 1: 101-137.

Kaneko M, Suzuki N.-Y. (2003) Epistemic models of shallow depths and decision making in games: horticulture. *Journal of Symbolic Logic* 68: 163-186.

Kaneko M, Wooders MH (2004) Utility theories in cooperative games. *Handbook of utility theory* Vol. 2. Eds. Barbera S, et al: 1065 – 1098. Kluwer Academic Press, London.

Kleene SC (1967) *Mathematical logic.* Wiley, New York.

Lewis DK (1969) *Convention: a philosophical study.* Harvard University Press, Cambridge.

Mas-Collel A, Whinston MD, Green JR (1995) *Microeconomic theory.* Oxford University Press, New York.

Mendelson E (1988) *Introduction to mathematical logic.* Wadsworth, Monterey.

Nash JF (1951) Non-cooperative games. *Annals of Mathematics* 54: 286 – 295.

Reid C (1970) *Hibert.* Springer Verlag, Heidelberg.

Savage L (1954) *The foundation of statistics.* John Wiley and Sons, New York.

Selten R (1975) Reexamination of perfectness concept for equilibrium points in extensive games. *International Journal of Game Theory* 4: 25 – 55.

Shapley LS, Shubik M (1971) Assignment game 1: the core. *International Journal of Game Theory* 1: 111 – 130.

Shubik M (1959) Edgeworth market games. *Contributions to the theory of games*, Vol. IV, eds: Tucker AW, Luce RD, Annals of Mathematics Studies No. 40. Princeton University Press: 267 – 278.

von Neumann J (1927) Zur Hilbertschen Beweistheorie. *Mathematische Zeitschrift* 26: 1 – 46.

von Neumann J (1953) Communication on the Borel notes. *Econometrica* 21: 124 – 125.

von Neumann J, Morgenstern O (1944) *Theory of games and economic behavior.* Princeton University Press, Princeton. 2nd Edition (1947).

序　　幕

诗人安静地出现在幕布前

瞬时灵思成巨著　远大心力致凡品
地表水气泽万物　无垠宇宙空漂浮
混浊海域孕鱼群　清澈洋流闲游荡
生命发光刹那间　刹那之外犹如梦

诗人安静地退场

森森从幕布之间露出头

森森　（*充满活力地说着*）我是这所学校经济系的博士研究生，目前跟着新月教授从事博弈理论的研究。当我说“我在研究博弈理论”，可能就有人认为我是在研究电脑或棋牌之类的室内游戏。

（*看着观众*）啊哈！就是有人这么以为！其实，我们并不是玩电脑游戏，也不是玩什么室内游戏。博弈理论是在1944年由冯·诺依曼和摩根斯顿利用数学方法来分析社会与社会问题所发展出来的一门科学研究。[①]由于社会本身相当复杂，直接运用数学方法进行思考非常困难，他们于是利用

① von Neumann J, Morgenstern O (1944) *Theory of games and economic behavior*. Princeton University Press, Princeton.

博弈着手分析，因为博弈不单被认为可以描述社会基本的情境，而且也可用数学的形式表示。冯·诺依曼和摩根斯顿将他们的理论称为“the theory of games”而非“game theory”。他们的最终目的是探究社会与经济层面的问题，而非电脑游戏或其他室内游戏。

（凝视着部分观众）我是不是让各位留下了很好的印象？你们一定以为我很聪明。老实说，这些台词都不是我想出来的，我只不过是模仿新月教授讲授博弈理论时的开场白罢了。其实，我认为他这些话也是抄来的。

顺便一提，研究生的生活是怎么一回事，各位感兴趣吗？作为一个研究生，我的工作就是投入全部的心力来学习。你们可能认为学习不过就是上课，但对我们而言，课程的修习在头两年几乎就已经完成，接下来的工作就是开始阅读论文、进行研究，最终目标是写出一篇博士论文。将研究成果发表在学术期刊，是取得博士学位的一项要求，这就是为什么我们要夜以继日地工作以取得好的结果！

经常听到新月教授和间占老师在新月教授的实验室讨论，最近我才开始参与。借着这些讨论的过程，我渐渐地了解如何从事研究工作，希望能够快点写出一篇学术论文。

（小声地对着幕布后面说）听说新月教授年轻时，许多人对他有非常高的期许。而现在，有些人在背后挖苦说：“人们曾经认为他有卓越的能力，然而，纵使大器晚成，晚成的年纪也早已过去，但仍见不到灿烂的花朵。现在，没有人记得他了。”诗人方才所描述的“远大心力致凡品”，或许说的就是新月教授。

间占老师是个聪颖又尽责的人，所以我们称他为认真老师。他是当今博弈理论这个领域中颇负盛名的才子，大家对他有很高的期望。间占老师非常认真，总是思考着研究的问题，但是他最近似乎有很多的烦恼。新月教授看起来好像也是一直从事研究，他过着非常规律的生活，每天早上到学校的时间、傍晚离开学校的时间都很固定。然而，其他的教授通常都工作到很晚。有时候我很好奇，像他这样的人会有渴望成功或烦恼之类的事情吗？

（*声音变得响亮*）现在，新月教授、间占老师还有我将要讨论有关经济学和博弈理论的各种主题。我很高兴可以参与他们的讨论，但说实在的，我有点担心是否能够跟得上他们的讨论。不过，每次我问些基本的问题时，他们两位似乎都很高兴地为我解说，所以我认为，在某种程度上，我应该还是能够参与讨论的。

嗯，希望各位耐心聆听，应该会很有趣的！

（*后方传来一个响亮的声音*）是新月教授在叫我吗？没错。可能要开始讨论了。好了，各位观众，敬请期待我们的讨论吧！

人物与场景

新月位（Kurai Shinzuki），经济学教授（全剧本）

曾经受到众多瞩目与期待，如今似乎已被学界遗忘。姓氏“新月”顾名思义，指农历每月初一出现的月牙；名字“位”，日语发音与“阴暗”相同。“新月位”为同义复词，隐喻人物的个性灰暗阴沉。

间占通（Toru Hazamajime），经济学助理教授（第一至五幕）

一位炙手可热的年轻经济学者。周围的人称他为 Majime（间占），日语意谓“认真、谨慎”；“通”则有自始至终之意。“间占通”人如其名，个性谨慎，凡事不论大小，非常认真。

森森元气（Genki Morimori），研究生（第一至五幕）

刚刚进入研究工作的优秀博士生。虽然多少有些大而化之、吊儿郎当之处，但不失直率、坦白的个性，颇受新月及间占的宠爱。“森森”的日语意谓精力充沛，精神很好则称“元气”。“森森元气”亦为一同义复词，强调人物阳光般开朗的个性。

半川秀（Show Hankawa），某大学助理教授（第四幕）

做起事情虎头蛇尾、凡事一知半解，中文俗称“半桶水”的人，日语称为“生半可”（namahanka），隐喻此一人物的性格。

简·翰莫（Jan Hammer），从澳大利亚来的经济学访问学者（插曲二）

奥利弗·大槻（Oliver Otsuki），从加拿大来的科学哲学家（插曲二）

K，本书作者

诗人，一位戴面具的先知（序幕、第一幕、第三幕、尾声）
旁白，一位匿名经济学家（全剧本）

新月教授的实验室（除去插曲二的全剧本）

某大学社会工学系的实验室，该大学以其二十多年前建校时的美丽校园和建筑而知名。

墨西哥餐厅（插曲二）

位于该大学附近。

第一幕　经济学中特殊化与一般化的逆转

旁白　在第一幕中，新月、间占、森森将讨论经济学及博弈理论中特殊化（particularity）以及一般化（generality）的问题。经济学及博弈理论有个特点，就是这两门学问中的参与者，除了是被研究的对象外，同时也具备思考以他为研究对象所发展出的理论的能力。若我们将参与者的思考能力纳入考虑，所谓的“一般”可能变成“特殊”，因为参与者能对较为“一般”的理论进行思考，意味着他在思维上具有较强的能力，也表示他的思维有比较“特殊”的结构，这就是所谓的一般化可以衍生出特殊化的意义；反之，比起一般化的理论而言，参与者只需要较弱的思维能力便能够理解较为特殊的理论。这或许就是为什么这一幕的标题中出现“逆转”（reversal）一词的原因吧。这一幕的主旨是探讨理论中的参与者对于理论的本身进行反思，它似乎也是贯穿本书的主要议题。

第一场 圣彼得堡博弈

新月与间占在实验室中讨论着，森森气喘吁吁地出现

森森 啊，新月教授，我正在找您，我证明出了一个非常棒的定理。

新月 喔，什么样的定理呢？

森森 前几天我跟您解释的那个经济模型，您还记得吗？这个模型有关集合个数的假设，原来的要求是有限集合。但是就算将集合个数的假设推广到无限的情况，我也可以证明结果依然成立。

新月 听起来很不错嘛！那么从这个推广的过程中，你学到了什么吗？

森森 这不是很明显吗？我将集合个数有限这个假设删除，得到一个更为一般的定理啊！

新月 嗯，那你能不能举个新的且具体的例子来说明呢？

森森　当然没问题。因为取消了集合个数有限这个假设后，定理的内涵更丰富了，可以适用的范围更广，又新又具体的例子一定俯拾皆是。何况集合个数有限这个假设不符合现实的状况，放宽这个假设后，我觉得这个经济模型可以变得更贴近现实。

新月　一个推广到无限的结果会变得更接近现实？

间占　新月教授，我听过森森这个推广后的结果。根据他的解释，这个结果确实更具一般性，以这个结论为基础整理成一篇文章，我认为可以发表在《理论经济学期刊》。与这个期刊最近几期刊登的相关论文比较起来，他的推广更具一般性。不过，如果想要发表在《实证经济学期刊》这样的刊物上，可能比较困难。

新月　所以你认为以“贴近现实”作为卖点，这篇文章可以发表在《理论经济学期刊》上？但是我不明白所谓的“贴近现实”是什么意思？不过，话说回来，不管它是什么，森森，你做得不错。

森森　不对，不对。论文的卖点是一般性，“贴近现实”只不过是这个一般性定理附带的结果罢了。我好不容易证明出一个新的定理，但是您看起来似乎并不高兴。嗯……您为什么不能替我高兴呢？您不是一直告诉我们要努力去尝试新的事情吗？我真的没法了解您到底在想什么。

新月　喔！不过，一个人永远不会知道另外一个人在想什么的。

森森　话是没错。但是间占老师告诉我，如果将我的一般性定理写成一篇论文，它可以发表在像《理论经济学期刊》那样一流的杂志。我同意他的看法，无论如何，比起近来刊登在这个期刊上的相关文章，我的结果更具一般性。教授，我想请教您如何判断在经济学或博弈理论这些领域，一个研究结果的好坏？或者，您认为“创新”是什么？还有，您能不能告诉我，依据您的判准（criterion，评判基准），我的一般化定理是否具有意义?

间占 我也想知道您的看法。所以让我们先暂时搁下森森的研究结论,请您解释一下您对于一个研究结果优劣的判准?

森森 是的!我们都很想知道您的判准。首先,请您非常清楚地解释它,然后,再请您用这些判准来评论我的研究成果。

新月 森森啊,你总是有这么多的要求,而且态度如此强硬!说明判准需要思考经济学和博弈理论的哲学基础,这不是件容易的事,我并没信心建立这个哲学基础。不过,它倒是个值得挑战的好问题。嗯,一般性的哲学概念太过笼统,最好从某些特定的事例开始讨论吧!就用圣彼得堡悖论,你们都清楚这个悖论,对吗?

间占 是的,我知道这个悖论。讲授期望效用理论时,我曾经提到过这个悖论,而且就是利用它来说明推导得到的冯·诺依曼—摩根斯顿效用函数的局限性。

森森 嗯,我依稀还记得这个悖论,间占老师在课堂上提过,好像是指丢掷一枚铜板,出现正面可以得到2日元,但如果是出现反面就如何之类的东西……有点无聊,对吧?对了,间占老师还问我们一个无穷级数是否收敛的问题,这部分我倒记得很清楚。对我来说,计算这些级数的总和再简单不过了,哈哈!间占老师的解释太过琐碎,重点又模糊,我很快就忘了他教过的东西。

间占 我的教学没问题,问题出在你的理解能力!你总是习惯把自己的疏忽及过错归咎给他人,虽然你很聪明,但是好像缺乏基本的修养。

新月 好了,好了。还是让我们回到圣彼得堡悖论吧!

间占 好,我这就把圣彼得堡博弈的规则写在黑板上。(*在黑板上画出图 1.1*)

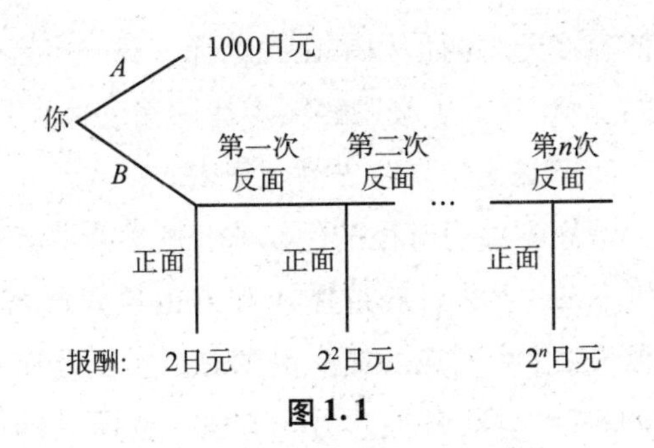

图1.1

这个博弈中，“你”是决策者，由你决定选择 A 或 B。如果你选择 A，你可以得到 1000 日元的报酬；如果你选择 B，则你的报酬将由丢掷铜板来决定。假使铜板出现正面，报酬是 2 日元；出现反面，则继续丢掷铜板。如果第二次丢掷铜板出现正面，你的报酬就变成 $2^2=4$ 日元；如果第二次还是出现反面，就再继续丢掷铜板……一般来说，假使第 n 次丢掷铜板后才出现正面，那么你的报酬将为 2^n 日元；如果铜板仍是出现反面，你就继续进行第 $n+1$ 次的丢掷。

因此，如果你选择 A，报酬为 1000 日元；如果你选择 B，则你的报酬由丢掷铜板直到第一次出现正面时来决定，比方说，第 n 次丢掷铜板时才第一次出现正面，那么你的报酬便是 2^n 日元。森森，到这里为止你还记得吗？

森森　喔……我慢慢想起来了。老实说，比起当初在课堂上的说明，间占老师这次的解释要好得多了。

（走到黑板前，让间占坐下）根据我的记忆，问题在于“你”应该是选择 A，还是选择 B。因为 B 牵涉到概率的因素，所以我们就先来计算概率值吧！比方说，如果铜板连续出现 3 次反面之后，才出现正面，报酬是 16 日元，这个事件发生的概率是 1/16。所以报酬大于或等于 16 的概率，就相当于连续丢掷铜板 3 次都出现反面的概率，这概率是 1/8。

这个博弈多无聊啊！如果让我选择，我一定选择 A，然后将得到的1000日元去必胜客买个比萨和一杯啤酒。

新月 啤酒？我还是比较喜欢去酒吧里喝。

间占 教授，请您不要用奇怪的想法来打扰。森森，请继续！

森森 好！接下来，我来计算选择 A 和 B 的期望报酬，期望报酬是一个报酬乘上所对应的概率的加总。所以选择 A 的期望报酬是 $1000 \times 1 = 1000$ 日元。另一方面，选择 B 的期望报酬可以表示成：

$$2 \times \frac{1}{2} + 2^2 \times \frac{1}{2^2} + 2^3 \times \frac{1}{2^3} + \cdots = 1 + 1 + 1 + \cdots = +\infty \qquad (1.1)$$

得到的结果为无穷大，无穷大比1000大，所以选择 B 比较好，对吗？

间占 森森，做得很好，我用比较学术的方式来说。

当"你"以期望报酬判准作为决策的依据时，"你"应该选择 B。可是刚才森森提到，如果仔细观察这些报酬以及所对应的概率，你会发觉 B 是一个非常糟糕的选项。如果你是"你"，你绝不会选择 B，这也就是为什么这个现象会被称为悖论的理由。

丹尼尔·伯努利认为，以期望报酬判准作为决策的依据并不适当，应该以期望效用判准来作为决策的依据。具体来说，他令 $\log m$ 为效用函数，然后再计算它的期望效用水准。"当刺激的强度增加时，感觉的增加与刺激的增加成正比，但是感觉的增加幅度与刺激的绝对强度成反比。"这是心理学的Weber-Fechner法则。将这个法则以微分方程的方式表现后，所得到的解函数就是 $u(m) = \log m$。[①]

利用这个效用函数分别计算选择 A 和选择 B 的期望效用，

---

① 依照这个法则，效用的增加量 Δu 会与 $\Delta m/m$ 呈正比例接近。取极限之后，可得 $du/dm = 1/m$ 形式之微分方程式，$\log m$ 为其解函数。

可以得到以下的结果：[1]

$$A = \log 1000$$
$$B = \frac{1}{2}\log 2 + \frac{1}{2^2}\log 2^2 + \cdots + \frac{1}{2^n}\log 2^n + \cdots \qquad (1.2)$$

森森，你刚才很自豪地说，能够很快计算类似像 B 这样的级数，对吧？

森森　没错。我们可以用对数的性质来计算级数 B。首先，B 可以改写成：

$$B = \frac{1}{2}\log 2 + \frac{2}{2^2}\log 2 + \cdots + \frac{n}{2^n}\log 2 + \cdots \qquad (1.3)$$

将式（1.3）两边各乘以1/2，我们得到式（1.4）；然后将式（1.3）的 B 减掉式（1.4）的 $B/2$，得到式（1.5）。式(1.5）的右边是一个几何级数，所以我们得到 $B/2 = \log 2$。换句话说，$B = 2\log 2$ 或 $B = \log 4$。

$$\frac{1}{2}B = \frac{1}{2^2}\log 2 + \frac{2}{2^3}\log 2 + \cdots + \frac{n}{2^{n+1}}\log 2 + \cdots \qquad (1.4)$$

$$\frac{1}{2}B = \frac{1}{2^1}\log 2 + \frac{1}{2^2}\log 2 + \cdots + \frac{1}{2^n}\log 2 + \cdots \qquad (1.5)$$

间占　非常感谢。所以比较了 log 1000 和 log 4 之后，根据期望效用判准，“你”应该选择 A。到这里为止，如果将判准由期望报酬转换成期望效用，那么先前所提到的悖论就会迎刃而解。

但是这样的说法并没有完全解决这个问题，因为只要更动 B 的报酬设定，便又会导致 B 的期望效用水准再度变成无穷大。所以对于期望效用，我们必须发展出一套一般性的理论。

---

① Bernoulli D（1954，original 1738）Exposition of a new theory on the risk. Translated by Sommer L，*Econometrica* 22：23－26.

森森 我总算完全想起来了。为了使得选择 B 的期望效用再度变成无穷大，只要将丢掷铜板第 n 次才第一次出现正面的报酬由 2^n 变成 $2^{2^n}=2^{(2^n)}$ 就可以了。到这里为止我还能理解，只是你刚才的结论："对于期望效用，我们必须发展出一套一般性的理论"，这句话是什么意思呢？[①]

你的课是由期望报酬判准开始讲起，也讨论了期望效用判准，但是接下来的上课内容，都是在讨论偏好关系的数学条件，比如说传递性、连续性、独立性，等等。然后，你还解释了如何从偏好关系推导出数值效用函数。但是你并没有回头再讨论期望报酬判准或期望效用判准，所以我不明白在期望效用理论中，这些判准到底扮演什么角色。

间占 你说得没错。分析一个偏好关系需要满足哪些数学条件才能导出以数值方式表现的效用函数，是期望效用理论的主要课题。每一个决策者都有他自己的判准，当这些判准满足某些性质，就可以以数值效用函数的方式来表示。那些导出期望效用函数的偏好关系，是由传递性以及其他自然且可信的性质所构成，这也就是为什么期望效用理论非常有用的原因。

森森 间占老师，你这句"这也就是为什么……"之后的叙述和你前面的论述不太一致吧！一种可能的接法是：这也就是为什么期望效用理论并没有讨论该采用哪一个判准。

间占 嗯……你说得没错。

森森 （沉默了一会）嘿，这样看起来，期望效用理论根本就没有回答圣彼得堡悖论嘛！你看，根据不同的判准，圣彼得堡博弈就有不同的答案，但是原本的问题"我们到底应该采取什么样的判准"仍然不清楚啊！

---

① 有关期望效用理论，可参见：Hammond P（1998）Objective expected utility：a consequential perspective. In：Barbera S et al.（eds）*Handbook of utility theory* Vol. 1. Chap. 5，pp. 143－211. Kluwer Academic Press，Amsterdam。

间占　的确，期望效用理论并没有谈到使用哪个判准，但是这个理论至少建议使用期望效用理论。

新月　（*不停地看着他的表*）啊……是回家的时间了，抱歉。如果没记错，今天的晚餐应该有豆腐和一些别的。我太太吩咐我“在回家的路上买一些豆腐回来”。

电视里播放的警探连续剧，那些侦探不是经常会说“当在调查的过程遇到障碍时，你应该回到犯罪现场”吗？对照我们现在的状况，回到犯罪现场指的就是“为什么圣彼得堡悖论是一个悖论”。明天，我再继续听你们接下来的讨论，请再想想。

新月匆忙地离开

森森　如果圣彼得堡悖论是一项犯罪事实的话，那么伯努利不就是一个罪犯了吗？

间占　新月教授只是用它来作为一个比喻，你不用太认真。

森森　我知道。但是这些跟我的一般性定理有什么关系呢？

间占　别担心，明天还有很多时间可以讨论。顺便说说，新月教授总是在这个时间回家，晚餐后，一定在十点前上床睡觉，他一直就是这样，像个小孩似的。

第二场　悖　　论

第二天，三人在实验室里喝咖啡

新月　我们昨天讨论到哪儿了？

森森　间占老师详细地解释了圣彼得堡悖论，然后，您留下“当调查的过程遇到障碍时，你应该回到犯罪现场”这句话后，就匆忙离开了。

间占　遵照您的建议，我回去仔细思考为什么圣彼得堡悖论是一个悖论的原因。根据某些书籍的说明，悖论大体上可以分成两类。第一类称为真悖论，这是说一个理论或一个主张竟然可以推导出两个结果相互矛盾的命题，然而这个理论或主张，就一般人的观点而言，非常合理，人们不会意识到这里面竟然会有矛盾产生。真悖论也称为逻辑悖论，克里特骗子[①]便是一个有名的例子，集合论中的罗素悖论也都属于这一类型。

森森　那另外一类又是什么？

间占　另外一类称为伪悖论，它是指两个或两个以上的判准或公理，就其中的任何一个而言，人们通常都能接受，但实际上它们彼此相互矛盾。就圣彼得堡悖论而言，矛盾并非出自圣彼得堡博弈本身，而是来自决策者几经思量后所作的决定与期望报酬判准所建议的选择不同。圣彼得堡悖论是这个意义下的悖论，所以它应该是伪悖论，而不是真悖论。

其实，所谓的悖论，不论是哪一种，不单是产生矛盾的现象，同时，它也指出我们通常视为正确的思考过程，可能存在着问题。

---

① 它常被称为“说谎者悖论”，请参见：*Oxford companion to philosophy* (1995) p. 483. Oxford University Press, Oxford。

新月　（以敬佩的神情聆听着，突然间变得权威又嘲讽）根据你的分类，我们可以称阿罗不可能性定理是伪悖论啰，不是吗？阿罗定义了一个需要满足5个公理的社会福利函数，而且就一般人的看法，这5个公理似乎都很合理。然后，他证明满足这5个公理的社会福利函数并不存在，也就是说，这5个公理彼此矛盾。当阿罗证明这个定理时，它是一个悖论。一直到现在，对某些人来说，它仍然是一个悖论。继阿罗之后，有许多学者又建构出许多彼此矛盾的公理系统，然后，证明出许多不可能性定理。甚至到目前为止，仍然有些人继续这样的研究，他们并没有从阿罗的伪悖论中得到教训，盲目地投入且重复着失败。

间占　（露出有些失望的表情）教授，您一旦谈论事情，就总是持着负面的态度。如果我没记错的话，这个不可能性定理，就是阿罗之所以获得诺贝尔奖的一个重要的理由。①此外，您这种

① 有关阿罗不可能性定理，请参见：Arrow KJ（1951）*Social choice and individual value*. Yale University Press，New Haven。更详细的说明与引申则可参见：Luce RD，Raiffa H（1957）*Games and decisions*. John Wiley and Sons，New York。

消极的态度导致您写不出论文，这也是为什么我们的同行用质疑的眼光看您。

森森 我……我是有一些正面的事情想请教。真悖论和伪悖论的区别是一个真，而另一个是假吗？

间占 哈哈哈！你这是同义反复，并没有说明任何事情嘛！嗯，更清楚地说，两者之间的差异在于……咦，等一下，到底差异在哪里？

新月 这是个很难的问题！应该不可能明确地区别出真伪。若真有人尝试区别它，那不过只是个伪区别，那个尝试去区别的人应该也仅仅是一个伪学者。至于到底是真，还是伪，如果我们清楚矛盾的理由，那它就不再是一个悖论了。从这个意义说来，真伪的区别，不过是程度上的问题罢了。

间占 就是这样吗？

新月 即使像克里特骗子这样有名的例子，我认为若能够更严格地界定语言的使用，这个矛盾也会不再存在，但这不是一个简单的工作。我举个比较简单的例子，就用阿罗的定理吧。

阿罗定理之所以是一个悖论，关键在于多数决策制定。假设有三个参与者 1、2 和 3，以及三个选择 x、y 与 z，这三人决定由多数决策制定来挑选三个选择中的一个。他们的偏好分别如下：

参与者 1：xP_1yP_1z,

参与者 2：yP_2zP_2x,

参与者 3：zP_3xP_3y.

换句话说，参与者 1 偏好 x 胜过 y，且偏好 y 又胜过 z；参与者 2 的偏好顺序为 y、z、x；参与者 3 的偏好顺序则为 z、x、y。首先，我们考虑从 x 和 y 中选择，因为参与者 1 与 3 的偏好均为 x 胜过 y，在多数决策制定下，x 被选中；接着，比较 y 及 z，因为参与者 1 与 2 的偏好均为 y 胜过 z，在多数决策制定下，y 被选中；最后，比较 z 与 x，在多数决策制定下，z 被选中。所以我们得到一个循环，如图 1.2 所示，我们称这个循环为孔多塞循环（Condorcet cycle）。

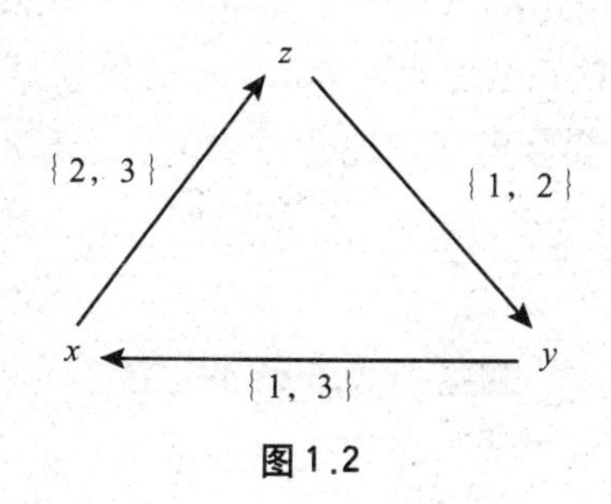

图 1.2

森森 所以，教授，在这样的选举制度下，什么地方产生矛盾？

新月 这就是问题所在。嗯，你应该要这样问：“为什么一个社会决策制度产生孔多塞循环就是一个悖论？”这个循环说明多数决策制定也许并不能产生最好的结果。然而，很多人有一个信念，就是多数决策制定，也就是民主，会选出使所有人满意的社会选择。孔多塞循环现象驳斥了这个信念，所以对于那些沉迷于这个信念的人而言，孔多塞循环是一个悖论。

可是，对于接受“民主制度不一定产生最好的选择，或者民主制度常导致混乱”这个事实的人，孔多塞循环就不是一个悖论。另外，对于那些见到这个现象后，发觉自己的想法过于天真而修正自身信念的人而言，这个悖论也不再是一个悖论了。

森森，从逻辑上来说，除去这两类人之后，剩下的是什么样的人？

森森 嗯……只剩下那些，纵使看到孔多塞循环，但仍然继续深信民主制度能够产生最佳社会选择的那一群人。

间占 教授，您不要诱导森森说出这样糟糕的结论，您该有个大学教授的风范才对。

新月 对不起。现在开始，我保证由我自己来陈述不好的结论。

间占 有关选举的悖论，我了解了。但是这又和阿罗定理有什么关联呢?

新月 这好像不是平常的间占啰！如果你很仔细地阅读阿罗定理的证明，你应该知道证明这个结果的关键就是孔多塞循环。

间占 我知道了，我会更仔细地读一遍阿罗定理的证明。

诗人突然出现在舞台上

> 二千五百年前，阿喀琉斯开始了与乌龟的赛跑，
> 阿喀琉斯跑得卖力、跑得快，但总无法追上乌龟；
> 人们高唱着“阿喀琉斯，卖力跑！快一点！”，
> 阿喀琉斯跑得更快、更卖力，超越了午睡中的乌龟。

诗人安静地离开

森森 他到底在讲什么?

新月 我认为诗人尝试解决这个悖论，只是他把芝诺悖论和伊索寓言混在一起了。
好吧！我们还是回到圣彼得堡悖论。

间占 没问题！根据今天的讨论，我们应该考虑，圣彼得堡悖论在什么意义下是一个真正的悖论。
当牵涉不确定性因素时，一般说来，我们通常会使用期望报酬判准。但是对于圣彼得堡博弈而言，一个具有足够想像力的人，很明显地，会选择那个被期望报酬判准所否定的选项。这个悖论说明这个判准无法符合人们的期望，这也就是为什么我们需要期望效用理论的理由。

森森 等一下，这不是和我们昨天讨论的内容一样吗? 期望效用理论并没有有关决策判准的讨论，但是你仍然认为需要期望效用理论。

新月 你说得没错。我们不应该从圣彼得堡悖论就直接跳到期望

效用理论，而是应该考虑如何看待这个悖论。

在伯努利之后，许多人尝试在期望报酬判准的架构内，解决这个悖论。举例来说，对于那些发生概率极小的事件，人们往往忽略或不适当地反应；而对于报酬金额很大的事件，人们往往无法想像。如果把这些因素都列入考虑的话，结果会相当不同。

劳埃德·沙普利提供了一个非常明确的解答，他认为讨论圣彼得堡博弈必须考虑庄家的预算约束。[①]其实，这与我们原先讨论的问题有关，也就是，该如何评价森森的定理。

森森　我很高兴听到与我的定理有关的事，但是为什么我们在圣彼得堡博弈中需要考虑庄家呢?

间占　为了便于利用期望效用理论讨论圣彼得堡博弈，我稍微修改了这个博弈。选择 B 以及你愿意花多少钱来购买选择 B，是圣彼得堡博弈原来的形式。既然选择 B 的期望报酬无穷大，那么你应该会不计代价地参加这个博弈，这就是为什么这个博弈牵扯到庄家的理由。

森森　了解了，请继续。

新月　我们回到黑板上的圣彼得堡博弈，同时考虑庄家的预算约束。如果你非常幸运，第 100 次丢掷铜板时才第一次出现正面，那么你的报酬是 2^{100} 日元。如果我没记错，这个数字比一立方厘米的气体所包含的分子数还来的大。森森，你知道这个数字吗?

森森　你是问 2^{100}，还是一立方厘米气体中所含的分子数?

新月　我问的当然是后者。

森森　好像在高中的化学课学过。

间占　一摩尔的理想气体在大气压力为 1、温度为摄氏 0 度时的分

---

① Shapley L (1977) The St. Petersburg paradox: a con game. *Journal of Economic Theory* 14: 439 - 442.

子数，我们称为一个阿伏加多数，对吧！一个阿伏加多数大约是 6×10^{23}。一摩尔的理想气体的体积为 22 升，所以一立方厘米的气体分子数差不多是 10^{20}。

新月　不是阿伏加多数，是阿伏加德罗常数。这种错误发生在间占身上，倒是很少见……化学课本上有阿伏加德罗博士的照片，他的头型是个倒三角形，看起来就像个疯狂的科学家。某些著名经济学家的头型，也像阿伏加德罗博士一样。

间占　是哪些经济学家？哦，现在不是谈论那些疯狂科学家的时候。作为经济学家，我们还是回到经济数据，既然我们谈论到预算约束，不妨就用日本的国家预算吧。森森，你知道日本政府今年的年度预算是多少吗？

森森　嗯，日本的人口约为 1.25 亿，如果每一个人缴 10 万日元的税，则总数将是 12.5 万亿日元。但是这包括小孩、老人、家庭主妇及无家可归的人，每一个人都能缴出 10 万日元吗？

间占　（显出失望的样子）你还算是个经济系的学生吗？日本今年的国家年度预算大约是 80 万亿日元。既然你不知道，我看还是我自己来，以免浪费时间。80 万亿是 80×10^{12}，用计算机算一算，它应该介于 2^{46} 和 2^{47} 之间。假设这个数字就是圣彼得堡博弈庄家的预算，经由前面的讨论，如果在第 46 次丢掷铜板时才第一次出现正面，我们知道报酬就是 80×10^{12} 或约 2^{46} 日元。我们再假设，如果第一次出现正面是在第 46 次丢掷铜币之后，那么报酬永远都是 80×10^{12}，如图 1.3 中所示。

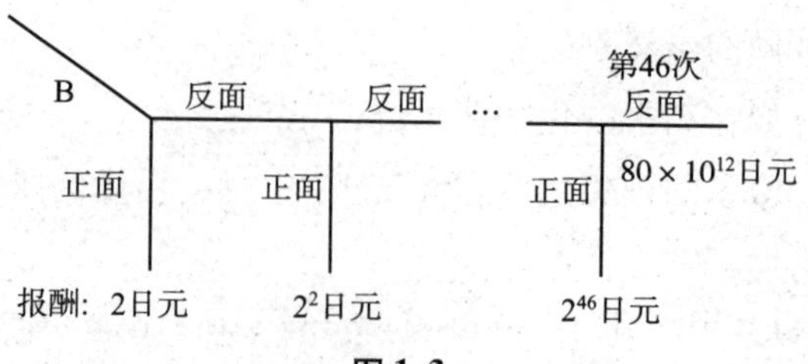

图 1.3

新月　啊！这样说来，所有的日本人都在资助这个庄家了。最糟糕的情况是，嗯……每一个国民要付给庄家 70 万日元，这个故事似乎愈来愈真实了。

间占　现在，我们来计算圣彼得堡博弈选择 B 的期望报酬。我们加总 46 次的 1 之后，最多再加一次 1，所以变成 $1+1+\cdots+1=46+1=47$，就是说选择 B 的期望报酬差不多是 47 日元。若和选择 A 的期望报酬 1000 日元相比较，选择 A 比较好。啊哈！用这样的方式就可以解决圣彼得堡悖论了。太棒了！

新月　（听到这样的结论，显得有些错愕）你的计算完全正确，但是你满意自己的结论吗？从某个角度来说，这意味着你最喜欢的期望效用理论并不需要！这么快就下结论很不妥当，我们应该更仔细地斟酌、思考这个问题才对。

间占　我确实急躁了些。就算不用日本的年度预算当做假设，预算约束的引进也是一件自然的事。如果没有预算约束这个假设的话，那么选择 B 就有无限多种可能的报酬；引进这个假设后，选择 B 可能的报酬个数就会被局限在有限的范围内。圣彼得堡悖论的产生，是否就是因为选择 B 有无限多种可能的报酬所引起的呢？

新月　这样吧，一般说来，对于无限的探讨非常困难，所以只考虑那些我们看得到的事实吧！我必须强调，借由预算约束的引进，我们已经把圣彼得堡博弈扩展到较为接近真实的情况了。

森森　咦，难道引进预算约束也是将问题扩展的一种方式吗？

新月　的确，这就是重点！虽然可供选择的报酬个数被限制了，但理论的本身却因此而扩展。这样说吧，若不将预算约束作为消费者行为理论的构成要素，这将是一个没有意义的理论；只有加入预算约束，它才是一个有意义的问题。由于引进预算约束后，新的结构因而产生，我们称这个理论被扩展，就是在这个意义之下。

间占　教授，我渐渐了解您设计这段对话的意图了。您似乎想告诉我们，“有限”和“无限”并不是区别一般化的标准，对不对？经由这个说法，你企图引导我们得到一个结论：森森将有限集合推展到无限集合的定理并不是那么有趣。

新月　不，不，我完全没有引导你们得到这种结论的企图，甚至到目前为止，我也不这样认为。我们只是根据逻辑来进行对话而已，更何况所有的逻辑推演都是由众所皆知极为优秀的两位所主导。

间占　（不太愿意接受，但是……）好了，我试着总结我们的讨论。在圣彼得堡博弈中，当可供选择的报酬个数有无限多时，便会引发悖论的产生，但是当我们引进预算约束而扩展了这个问题后，就可能解决这个悖论。

森森　从数学的观点来说，引进预算约束后，可供选择的报酬个数构成有限集合。间占老师，你在期望效用理论的课堂上，就是由有限个报酬个数的情形说起，为了处理圣彼得堡博弈，你才将可供选择的报酬个数由有限扩展到无限。但是根据刚刚得到的结论，这样的扩展似乎并不需要。[①]嗯……我还是觉得将可供选择的报酬个数加上有限这个限制，听起来比较像特殊化而不是一般化。不过，新月老师，我也渐渐了解您的意图了。

新月　（看似愉悦，娓娓道来）喔，你们好像都认为我从一开始就企图引导你们得到这样的结论，事实上，我真正的用意并不完全如此。当我听到森森的一般化定理时，一个小小的声音在我脑海中出现，“这东西听来有些奇怪，新月啊，探讨它吧”。所以我选择圣彼得堡悖论作为探讨的引子，目前看来，我的选择似乎还算恰当。

---

① 效用函数的推导不是只考虑表现出偏好关系便可，其函数必须为一“期望效用”形态。大部分书籍对于（纯粹）选择集合，多假设为有限的情况下来进行讨论。若将选择集合设为无限时，就不得不追加新的公理。就这层意义来看，公理系统的扩展是有必要的。

间占 好的，好的，教授，对我来说，您的企图很清楚了。森森，要不要我告诉你，新月教授希望如何结束这个讨论？（抬起头，用一个演员的声调朗声说道）

> 一个学者的终极目标是接近真理，然而，追寻真理之光是一个盲目的过程，而且通常徒劳无益。许多学者因此而停止他们追求真理的脚步，但是一个学者最值得赞扬的行为就是永不停止，不论付出多少代价。就像俄狄浦斯，纵使神谕预告他将付出毁坏自己双眼的代价，他仍然无法停止对于杀父娶母这个事实的探寻。

教授，您视自己为俄狄浦斯①，依据自己的预感，追求真理。

森森 （大表敬佩）间占老师，一个学者不就该是如此吗！我也希望自己能做到。

间占 当我第一次从新月教授那儿听到这段话的时候，我也非常感动。不过，教授，那些肉麻的句子，您一定是从哪里借来的吧。

新月 没错，但也不全是。那些字句中，也有部分是我的创作。间占，你好像已经看穿我了。

差不多中午了，吃午饭去吧！下午我们再继续讨论。

十分满意地，三人离开了舞台

---

① Sophocles：*Oedipus the king*. Translated by Storr F (1912). Harvard University Press, Cambridge.

第三场 经济学与博弈理论的一般化

三人吃完午餐回来，在舞台上显露出昏昏欲睡的样子

森森 经过上午的讨论，我明白了特殊化与一般化之间有着复杂的关系。但是我们似乎不应该只专注圣彼得堡博弈这样一个特殊的例子，而是应该知道什么是一般化的判准，以及什么是区别一般化与特殊化的判准。不知道这些判准，就无法评价我的一般化定理。新月老师，可以请您解释一下您对于一般化的看法吗?

间占 （*以挑战的口吻说着*）仿照教授您的方式，我要求在我们即将进行的讨论中加上一些限制。首先，您要谈比较一般化的理论，而不是事例或比喻；其次，您不可以利用我们当做您铺展理论的道具，换句话说，您要用自己的话来解释您对于一般化的看法。

新月 这……这有些严苛！好吧，既然我是少数，我就遵守多数人

的决议。可是当我离题或是遇到困难时，请你们帮忙，这总可以吧？还有，偶尔用些例子或者比喻，你们也不要太挑剔。

森森 不是都如此吗！就这样吧，间占老师？

间占 好吧，我没有意见。

新月 那我就尽力试试看了。

我将由数理逻辑的角度来说明何谓一般化，就是借由比较两个公理系统以及这两个公理系统的定理。但是如果想严谨地来谈公理系统，我们就必须系统地表述词汇（language）、推理法则（inference rule）以及逻辑公理（logical axiom），这需要一个学期的课程才有办法说明清楚，所以我只能大略带过。

首先，我们说公理系统 $A=(A_1, \cdots, A_n)$ 是公理系统 $B=(B_1, \cdots, B_m)$ 的扩展，这是指任何一个可以用系统 B 的语言来表示的叙述，也可以用系统 A 的语言来表示；更进一步地说，任何一个在系统 B 中可以证明的叙述，在系统 A 中也可以证明。有了扩展这个概念后，我们就可以进行两个公理系统的比较。①

森森 扩展这个概念可以解释我的一般化定理吗？

新月 不，我说的是两个公理系统的比较，换句话说，是两个理论的比较，而非两个定理的比较。

森森 理论的一般化与定理的一般化难道不同吗？

新月 确实不同。一个理论等同于一个公理系统。我的论点是，理论的一般化与定理的一般化是逆转的。

森森 真的吗？

新月 真的。当我注意到这个现象时，我自己也非常惊讶，让我好好想想当时思考这个现象时的情形。嗯……差不多是二

---

① 有关“推理法则”、“逻辑公理”以及“数学公理”的说明，请参见：Mendelson E (1987, 3rd ed) *Introduction to mathematical logic*. Wadsworth & Brooks, Belmont。

十年前的事了，我刚开始在这所大学教书，那时候这个占地很广的校园和许多新式的建筑物在日本相当有名，校园里到处都在施工，尘雾满天，咦……我说到哪里去了？

间占 教授！若您专注于解释逆转的内涵，我们会很高兴的。

新月 没错！我如果能够非常清楚地说明逆转这个词的内涵，我也会很高兴。

关于你的结果，森森，那是定理的一般化。你应当试着这样想，一个叙述 T 能够利用某些公理来证明，比方说，我们假设叙述 T 能够在公理系统 $A=(A_1, \cdots, A_n)$ 中证明，而且叙述 T 也同时能在比较弱的公理系统 $B=(B_1, \cdots, B_m)$ 中得证；换句话说，叙述 T 可以在一个假设更弱的理论中得证，这样一来，叙述 T 的应用范围就更广了。你们了解我的意思吗？

森森 是的，多多少少。

新月 其实，我们可以用另一种方式来比较系统 $A=(A_1, \cdots, A_n)$ 以及系统 $B=(B_1, \cdots, B_m)$。在扩展后的系统 $A=(A_1, \cdots, A_n)$ 中，我们能够作更细致的讨论，因此，A 这个系统能够得到比 B 这个系统更多的结论。我要用一般化这个名词来表示这种比较关系，也就是说，系统 A 是系统 B 的一般化。比方说，爱因斯坦的广义相对论是其狭义相对论的一般化。

间占 等一下，这些听起来好像跟一般数学的说法不太一样，我们通常说拓扑空间理论是度量空间理论的一般化。但是根据您的说法，度量空间理论才是拓扑空间理论的一般化，这样一来，您的说法就和数学的说法不一致了。

新月 是的。一般化这个名词，根据数学的传统，并不是指理论的扩展，它是指一个定理的一般化。在数学中，我们称拓扑空间是度量空间的一般化，是因为拓扑空间由比较弱的公理所构成，所以一个定理在拓扑空间成立，一定也在度量空间成立，反之不然。在比较弱的理论中，我们可以得到的结果虽然比较少，但是这些结果可应用的范围却更为宽广。①

间占　教授，更细致（more detailed）的公理系统 $A=(A_1,\cdots,A_n)$ 和比较弱的公理系统 $B=(B_1,\cdots,B_m)$，您认为哪一个比较一般化？

新月　我对于设计一个更弱的公理系统，然后再证明一个别人已经证明过的定理不感兴趣，这样的一般化工作，需要时再去做就可以了。就我个人来说，我对于更细致的理论比较感兴趣，这当中包含语言的扩展，这才是我希望称做的一般化。现在，我们还是依据目前的数学传统吧！

森森　非常感谢您的解释，可是这听起来，我的一般化定理好像没有什么价值。

新月　不需要这么悲观，你完成的工作的确是一个定理的一般化。到目前为止，我仅仅解释了公理系统的一般化以及定理的一般化。但是当我们开始谈论经济学或博弈理论，事情就变得较为棘手。事实上，有两个新的问题产生。首先，不论是数理经济学或是博弈理论，都是讨论关于社会现象的数学理论。在这样的情况之下，公理系统的选择就不仅仅是单纯的数学问题，它同时也是社会科学的问题。一个应用在社会科学领域的数学理论，它不应该只是数学对象的操作，如何适当地选择公理系统，也是发展这套理论的重要关键。因此，一个数理社会科学家只擅长于特定的数学理论是不够的，他也必须考虑一个公理系统为什么被选择的理由。②（口沫横飞地提高他的声音）

森森　教授，您不要太兴奋。

---

① 请参见：Royden HL（1963）*Real analysis*. MacMillan Publishing Co，London。

② 冯·诺依曼及摩根斯顿在他们的著作《博弈论与经济行为》的第一章中，以物理学的发展作为比较对象，说明发展数理科学（特别是数理经济学）必须考虑与注意的细节。这是有志于从事理论经济学或是博弈理论的研究者必读的一章。参见：von Neumann J，Morgenstern O（1944）*Theory of games and economic behavior*. Princeton University Press，Princeton。

新月 哦，我应当注意些。其次，在这个系统中包括了能够思考以及计算的人，用博弈理论的语言来说，那些人就是所谓的参与者，这也是一个问题。我们，博弈理论或是经济理论学者，通常都假设参与者具有很强的理解能力以及推理能力，但是在一般的经济学或博弈理论的文献中，对于参与者的这些能力，并没有清楚地交代。

的确，一个成熟的博弈理论学者通常会先讨论这个部分，作为理论铺陈的基础，但是类似的讨论往往只在博弈理论学者间进行。若仔细地翻阅近年来的教科书，我们会发现仅在有关数学的部分，有十分详尽的描述，至于其他的部分则模糊不清。于是，博弈理论的初学者或者与这个学术圈没什么接触的人几乎无法了解。

森森 您的意思是说，博弈理论的学者们使用某些只有在他们那个圈圈里的人才懂的术语，仅将数学的部分传达给圈外人？

新月 是的，这就是我要说的。

森森 这不是跟某些新兴宗教教派没什么不同吗？这太糟糕了！但是，教授，您不也是一个博弈理论学者吗？

新月 这个嘛，应该是吧。请容许我继续说下去。经济学和博弈理论隐藏着许多内在的困难，或许有太多事情还不清楚，或许有许多事情甚至还没被意识到，这些因素都使得困难无可避免。

在一个学术领域中的人，多少都有些术语，但鲜有人有意识地厘清或阐述这些术语给圈外人知晓。正因为如此，来自不同学术背景的人极有可能误解了其他学术领域的术语。

森森 这听起来让人很不舒服，我可不愿意变成这个样子的博弈理论学者！可以请您回到一般化的问题吗？

新月 当然可以。有关这两个理论的数学描述，还留有许多需要了解却没有被认真讨论的东西，尤其是参与者的知识以及理性，这是整个理论非常重要的一个部分，然而，它几乎没有被触及，这就是问题的所在。

在博弈理论的文章里，你经常可以看到“我们假设博弈的规则是共同知识”，这是一个好的，不，坏的例子说明博弈理论如何把经过数学描述的部分以及数学描述并不完整的部分混杂在一起。

总算，我要谈到我希望说明的重点了。

森森　我终于可以听到您真正的意图了。

新月　嗯……其实，我也不确定什么才是我真正的意图，但是我最起码可以表达以下的看法。我说过，经济学和博弈理论都包括了所谓的参与者。假设某个结果被一般化，那么参与者的知识或推理能力是否应该随着结果的一般化而有所改变呢？文献中通常没有提到这个问题。①

我们假设，那个一般化的结果与参与者的思维有关，经过一般化之后，参与者或者需要考虑更多的可能性，或许需要进行更多的计算；或者，反过来说，在一般化之前，参与者借由比较简单的计算，就能决定自己的选择。如果我们假设参与者的行为和一般化之前相同，那么他必须具备更好的能力，换句话说，他需要拥有比以前更为特殊的思维结构才能达成。总而言之，经由结果的一般化，这个理论变得更为特殊化了。

间占　嗯，结果的一般化会特殊化一个理论，所以说当我们在特殊化一个理论时，结果会变得更一般化，是这样吗？怎么会这样呢？

森森　哈哈哈，这好像是在说“一个批评别人笨的人，比别人更笨”。

---

①　若要将参与者的知识和理性以数学模式表现，就有必要借重认知逻辑（epistemic logic）对博弈理论进行再进一步分析。如果参与者的知识与推理能力可以借由明确的公式呈现，那么我们就可以非常清楚地观测出，参与者在某个既定的知识与推理能力水平之下的策略决定为何。这是一个整合逻辑学（数学的基础理论）与博弈理论（经济学）的一个新的跨域研究，国际间属于此一领域的研究者也在慢慢增加。有关这个领域的相关解说，可参见：Kaneko M（2002）Epistemic logics and their game theoretical applications：introduction. *Economic Theory* 19：7－62。

间占　你是指，“五十步笑百步”。

新月注视着间占与森森

新月　（故意大声地说）现在，我们是应该用具体的例子来阐述这个一般化的理论呢，还是让我按照先前的约定不使用任何例子，就在这里结束？

间占及森森互相看着对方

森森　您是要我们就此打住，放弃一个因为能够不懈不怠、坚持追求真理而备受人们激赏的机会吗？

间占　无论会产生什么后果，我想，追求真理向来都是自诩具备高尚精神的学者们责无旁贷的工作，也就是说，我们毫无选择。

间占与森森　（异口同声）好极了！

第四场　特殊化与一般化的逆转

新月　（促狭地看着间占与森森）现在，我们继续针对理论的一般化以及定理的一般化，作进一步的讨论吧。

间占　又来了，您又打算把议题带往其他的方向，对不对？看您的表情就知道您一定又在打什么主意。也罢，教授，请您长话短说。

新月　好！首先，我们回想刚才提过的，如果 $B=(B_1, \cdots, B_m)$ 是一个公理系统，而 $A=(A_1, \cdots, A_n)$ 是 B 的扩展时，那么任何一个在公理系统 B 中可以被证明的叙述，在 A 中同时也可证得。在这个意义下，一个被扩展到极致的公理系统，就称为完备的（complete）理论，在这样的公理系统中，我们可以证明任何一个叙述或是它的反叙述。一个只允许一个数学模型存在的公理系统，就是个典型的例子，这样的公理系统，我们称之为范畴化（categorical）的公理系统。当 A 是 B 的扩展时，满足公理系统 A 的模型比满足公理系统 B 的模型来得少，我们可以将这个现象视为，相较于 B 而言，A 的涵盖面较为局限。①

另一方面，当定理 C 是定理 D 的一般化时，定理 C 所跨越的数学模型较定理 D 为多，或者可以说，定理 C 的涵盖面比定理 D 来的较为宽广，限制较少。

森森　嗯，听起来很有道理。

新月　好！接下来，森森，我问你一个问题。假设现在你的脑袋

---

① 换句话说，追加一个公理之后，能够满足此公理系统的模型就会减少。这意味着，被扩展后的公理系统 A 会比公理系统 B 在内容上更受局限。请参见第 21 页注释①。

里有一大堆的想法，我们应当将你的头脑比拟成一个公理系统，还是一个定理？也就是说，你的脑袋应该是对应于一个公理系统，还是对应于一个定理？

森森 嗯……你是说，当我的脑子被一大堆东西塞满时，会是个什么样子？我想，或许该找根绳子把我的头牢牢绑紧以防止爆炸。哈，这绝对不是新月教授要的答案，对吧？

间占 （一脸不快）森森，你从教授身上唯一学会的事就是故作幽默！但是你的幽默实在很冷，你到底还是个优秀的学生呢，真是荒唐！好了，现在由我继续下去。

假设，只是假设，森森的脑子里充满了许多想法，这样一来，与没有任何想法时比较，你可以借由这些想法创造出比较多有意义的叙述。所以如果要我回答有关你的头脑可以比拟成一个公理系统、还是一个定理时，我当然会把它视为一个公理系统。

换句话说，你的头脑中存在一个公理系统，由你的口中所说出的叙述，就是这个公理系统经过逻辑所推导出来的结果。

森森 我懂了！原来我的脑子里面装了一个公理系统，那么我以后只要努力把我的逻辑能力锻炼好，我脑子里的这个公理系统就会推导出更多的叙述了。

新月 （沉思了一会儿）森森，实际的情况还要再复杂些。你脑中的公理系统，需要经常增加新的词汇或是新的公理，这也就是教育的目的。你是个研究生，所以仍然在学习、增加新的词汇以及新的公理。但是我们所设定的讨论，并不是教育问题，而是回答到底哪一种人能够思考得更多：是脑中具有较简单公理系统的人，还是脑中的公理系统经过扩展后的人？

让我提示一下这问题的答案。我们曾经提到，一个简单的公理系统允许更多的可能性，也就是它允许更多的模型涵盖这个公理系统。顺着这个提示，我们可以达到下面的结论：一个脑袋空空的人比一个脑袋装满想法的人，需要考虑更多的可能性才能达到某个特定的结论。

森森　我很惊讶居然又回到和刚才相同的事情。一个脑袋空空的人比一个脑袋装满想法的人，需要想得更多！

我来研究生院的目的，就是希望能够成为一个想得更周延、了解得更透彻的人。没有想到到头来，为了要能想得更多，居然要把自己的脑袋变空。

间占　森森，不要这样激动，好吗！真受不了。

教授，可以请您回到最初讨论特殊化与一般化的逆转这个理论好吗？是不是可以用一个具体的例子来说明它？

新月　（有些失望，但变得非常权威且嘲讽的样子）好的，不要将讨论的主题偏离经济学或博弈理论太远，是一个经济学家以及博弈理论学者的社会责任，所以我们就用这两门学问的例子来说明特殊化与一般化的逆转的现象吧。

我们考虑一个具有时间结构的经济模型，并且假设这个经济模型的时间结构是静态的。如果我们将静态这个假设去除而得到一个一般化的结果，你们知道，我们的同侪往往会非常满意这样的工作。

间占 确实，对于这样一般化的结果，某些理论经济学家会很欣赏的。

新月 现在，我们继续考虑下面的问题。在静态的假设之下，一个经济人很容易通过了解过去的状态来预测未来，因为它们是相同的。可是，若将静态这个假设取消，就会使得我们通过感受过去以预测未来变得较为困难。在这种情况下，倘若一个经济人的预测或决策一如在具备静态这个假设的经济模型时一样，这意味着这个经济人有着特殊的能力，这就是现象的一般化导致能力的特殊化。教科书中的理性预期，就是这种类型下的极端事例。

间占 的确没错，若将静态的假设去除后，经济人需要更特殊的能力才能维持原来的结论。

森森 您可以举一个和博弈理论有关的例子吗？

新月 一个博弈理论的例子？喔，博弈理论中一定有一大堆类似的例子。让我想一想……

好！博弈理论的分支——重复博弈理论的无名氏定理，可能就是论及特殊化以及一般化的逆转的一个不错的例子，不过也可能是个坏例子。[①]到底该如何认定好例子还是坏例子呢？

间占 教授，请不要又把话题岔开了。

新月 唉，我只不过是希望能够讨论一下这例子到底是好是坏……

无名氏定理是说，当一个博弈可以无限多次地重复执行时，纳什多重均衡会达到帕累托最优结果。可以想见，当一个博弈无限多次重复执行时，它的策略集合将会庞大到令人恐惧。首先，我们解释重复博弈的策略这个概念。制定一个策略，我们必须考虑所有未来的可能发展，然后针对所有可能

---

① 在1980年以前，“无名氏定理”不曾出现在任何博弈理论相关的论文中，但是某些博弈理论学者在20世纪70年代就已经知道这个结果。有关此定理的说明，请参见：Osborne M，Rubinstein A（1994）*A course in game theory*. MIT Press，Cambridge。

的状况，写出全盘的计划。无名氏定理假设任何一个参与者都知道这个庞大的策略集合，不管从哪一个角度来看，这是个非常可怕的理论。

森森　可……可是在我们的领域中，无名氏定理是一个相当重要的结果，不是吗？它真的有这么的可怕吗？

新月　嗯……我可以提出一个简单的解释吗？好，就拿一个我以前想过的问题当做例子。

通常我们谈到无名氏定理时，是假设重复执行一个博弈无限多次的情形。现在，我们只考虑重复4次或5次的囚徒困境这个特殊的情形。我们将囚徒困境这一个博弈描述在表1.1，它的树状图表示成图1.4。①

表1.1　囚徒困境（g_1^1，g_2^1）

1 \ 2	s_{21}	s_{22}
s_{11}	5, 5	1, 6
s_{12}	6, 1	3, 3

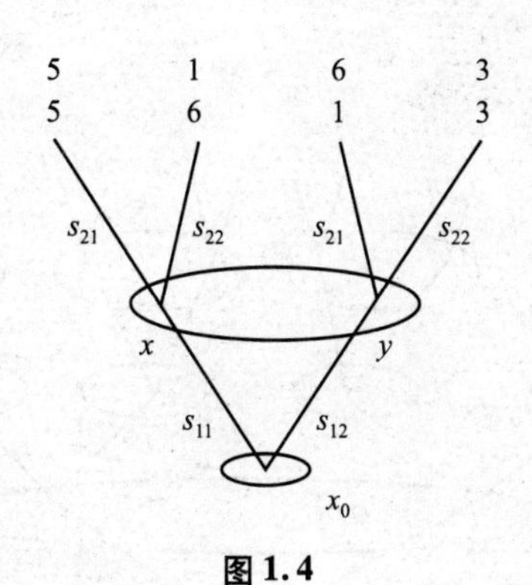

图1.4

你们应该知道怎么解读表1.1或图1.4吧。参与者1和2都各

① 囚徒困境博弈将在第二幕第二场中说明。

有两个策略，比方说，如果他们分别选择了 s_{11} 及 s_{22}，则他们的报酬就分别是1和6。图1.4的椭圆形，称为参与者的信息集。下方的信息集，只包含树根 x_0，上面那个比较大的椭圆形，意味参与者2不知道参与者1在 x_0 时的选择是 s_{11} 还是 s_{12}。

森森 教授，这很基本哎。

新月 没错，的确很基本。现在，我们来考虑执行两次囚徒困境的博弈。假设在执行囚徒困境一次后，每一个参与者都观察到所有参与者的选择。图1.5所呈现的是执行两次囚徒困境博弈的树状图。在这个博弈中，参与者的报酬是将执行每一次囚徒困境的报酬加总。举例来说，如果在第一次执行囚徒困境时，这两位参与者分别选择了 s_{11} 及 s_{22}，在第二次执行囚徒困境时又分别选择 s_{12} 及 s_{22}，则执行两次囚徒困境的博弈后，参与者的报酬分别就是（1，6）及（3，3）的和，所以是（4，9）。这个重复执行两次囚徒困境的博弈，每一个参与者有5个信息集。森森，你知道每一个参与者在这个博弈会有多少个策略吗？

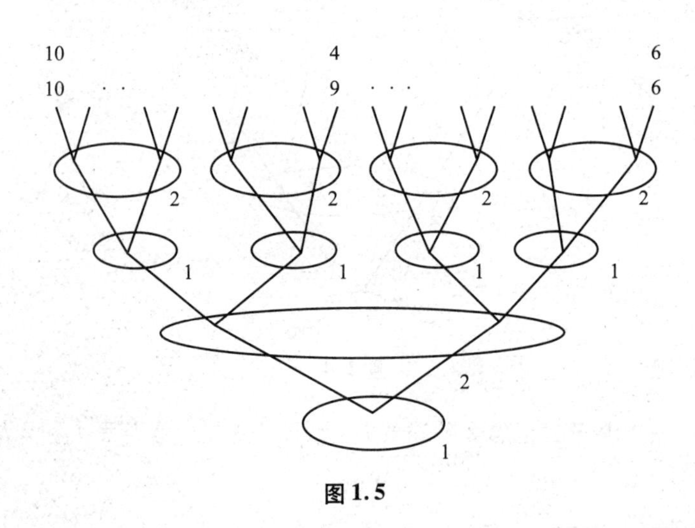

图1.5

森森 修过您的课后，我知道一个树状图博弈的一个策略是指一个完整的应变动作，这个意思是说，参与者在面对每一个信息集时，他必须在事前对于该如何选择每一个行动，要有完整的计划。

图 1.5 的博弈中，每一个参与者有 5 个信息集，所以他必须在每一个信息集中的 2 个分支中，选择其中的一个，并且这些选择必须互相独立，所以策略的总数是 2^5，对吧？

间占　没错，完全正确。现在，新月教授希望考虑的是重复执行 4 次或 5 次囚徒困境的博弈。其实，如果希望在黑板上用树状图来表示这个博弈，这实在有些困难。但是要算出这个博弈的策略总数并不太难，只要我们知道每一个参与者的信息集的数目，那么每一个参与者的策略总数，就是 2 的这个数目次方。所以图 1.5 的这个博弈的策略数目是 2^5。

森森　如果要将重复执行 3 次囚徒困境的博弈用树状图表示的话，只要在图 1.5 的叶子，就是最上面的端点部分，再画上参与者 1 包含 2 个分支的信息集，则参与者 1 的策略就算完成。接着，参与者 2 的信息集会随后出现，同时参与者 2 的信息集也会包含 2 个分支。

间占　森森，所以你只要将图 1.4 接枝到图 1.5 最上端的 16 个端点上就可以了。

森森　哦，接枝，原来如此！间占老师，你真的很聪明！所以重复进行 3 次囚徒困境博弈的信息集总数，就是参与者原来的信息集数 5 再加上新的信息集数目 16，所以是 21。所以重复 3 次的囚徒困境的博弈，每个参与者的策略总数就是 2^{21}，这已经是一个相当大的数字了。

间占　喔，我开始觉得有些不好的预兆。不过，如果因为害怕不好的结果而放弃的话，我将会失去一个因为执着于追求真理而被赞扬的机会。让我们继续吧！

现在，我们考虑一个重复 4 次囚徒困境的博弈，这时候的树状图就是把图 1.5 的树根再接在图 1.5 的每一个叶子上，所以，图 1.5 上的 16 个叶子，每一个又有 5 个信息集，这样一来，新的信息集总数就会变成 $16\times5=80$。再加上图 1.5 中原先的 5 个信息集，每一个参与者总共就有 85 个信息集。因此，每一个参与者的策略总数是 2^{85}。

等一下，让我想想阿伏加德罗常数，嗯……阿伏加德罗常数差不多是 2^{79}，现在该怎么办才好?

森森 什么? 才仅仅重复 4 次囚徒困境博弈，每一个参与者就有 2^{85} 个策略? 这个数字远远超过日本的国家年度预算，甚至也大过阿伏加德罗常数! 哇，一个参与者可能考虑到数目这么大的策略集合吗?

新月 所以一个重复进行 5 次囚徒困境的博弈，假如我没记错的话，每一个参与者的信息集的数目应该是 341，所以每一个参与者的策略总数就是 2^{341}。

你们知道吗? 据说物理学流传着一个神秘数字，这个数字是 10^{40}。整个宇宙中的质子和中子的数目总数，差不多是 $10^{40}\times10^{40}=10^{80}$。①如果取 2 为底，我想这个数字差不多是 2^{266}。但即便如此，这个数字还是比我们刚刚得到的策略数目 2^{341} 还来得小。②

森森 哈哈哈! 仅仅重复 5 次囚徒困境博弈，就会得到这么一个恐怖的天文数字! 嗯……也就是说，如果让囚徒困境博弈重复无限多次的话，将会是一件多么恐怖的事情了。我总算了解您的意图了，教授。

咦? 等一下，我不应该高兴得太早，我的一般性定理没问题吧?

---

① 请参见：Davis PCW (1982) *The accidental universe*. Cambridge University Press, Cambridge。

② 为了避免产生谬误，已有若干研究对此进行分析。请参见：von Stengel B, van den Elzen A, Talman D (2002) Computing normal form perfect equilibria for extensive two-person games. *Econometrica* 70: 693 - 715。

新月　如果我们把这么大的一个数字，作为圣彼得堡博弈庄家的预算约束，那么这个博弈的期望报酬大概是342日元。这和我们早上讨论过的结论，把日本的国家年度预算当做圣彼得堡博弈庄家的预算约束，相差不远。经过这些讨论，我们知道在处理有限以及无限的关系时，要相当谨慎才是。[①]
好，让我再想想有没有其他的例子。

间占　（打断新月的话）不，教授，不需要了，我已经懂了。我认为我可以自己建构出其他的例子。只是，我担心如果继续这样讨论下去，就会发现许多理论经济学或是博弈理论的结果，会因为特殊性及一般性的逆转这个现象而崩溃。比方说，我们也可以用同样的理由来批评20世纪80年代流行的精炼纳什均衡而形成的完美均衡理论，因为它也是逆转理论下的一个例子。[②]
所以如果我全盘接受您的意见，那么我们这些理论学家可能将无法再写任何论文了。这样好了，我反过来请教您这样的问题，什么样的理论可能避免发生您所谓的特殊化及一般化的逆转的现象？您有具体的例子吗？

新月　嗯……关于这个嘛，我认为我们不应该太快地让自己跳到一个新的理论，也不该追求流行。提出一个具体的例子之前，应该先厘清经济学与博弈理论的基本观念，并小心地再次检视一些古典、正统问题背后的理由。以这些为基础，才能发展、建立新的研究题材。

间占　教授，我并不是要问您这么一般性的原则。您不是总说“一个人应该尽其所能地以清楚且具体的方式回答问题，当他无法清楚回答问题时，也应明快以对”。我只是希望您能

---

① 数学文献上也有相似的论点，举例而言：Kline M（1977）*Why the professor can't teach*，Chap. 3. St Martin's press，New York。

② 更精炼的讨论，可参见：van Damme E（1991，2nd ed）*Stability and perfection of Nash Equilibria.* Springer，Berlin。

提供一个具体的例子，说明如何避免发生您所谓的特殊化及一般化的逆转的这个现象。

新月 （露出抱歉的模样）下次找机会再说吧，那可能会是个很长的故事。

森森 哈哈哈！新月教授，您又再次被打倒了。

（开始烦恼）所以究竟我的一般性定理行得通吗？

间占 （以仁慈的语气回答）森森，依我看来，在你的定理中所扩展的基本集合与模型中经济人的能力并不直接相关。所以即使根据我们今天的结论，我还是认为你的定理是一个一般化的结果。教授，对吧，没问题吧？

所以，森森，你应该赶快根据你的一般性定理来写一篇论文，我很乐意帮你修改。如果一切顺利的话，说不定可以发表在《理论经济学期刊》呢。

森森 太感谢你了，间占老师。今后，就麻烦你多关照了。我的文章要能够发表，就太好了。

再说，通过这两天的讨论，我学到非常多东西。如果常常进行这种讨论的话，收获一定很多。

新月 没错，没错。这就是以对话的方式，进行对真理的追求，更精确地说，我们通过对话来追求普遍性。其实，对森森而言，这仍然显得太早。柏拉图在他的《理想国》一书里说到，一个人在二十多岁的那个阶段，应该通过体育、音乐以及数学等教育，来训练其基本的体能及思考能力。完成了体能及思考能力的培养后，三十多岁到四十多岁的这个阶段，他就应当参与社会活动并且扮演积极的角色。有了这些经验基础，一个人在五十岁以后的阶段，应该追求更高的境界，并且经由对话的方式来追求事理的普遍性。①

所以，森森，你这个时候该做的是训练你的体能，并且学习

---

① Plato：*The republic*，book VII. Translated by Lee D（1955）. Penguin Books，London.

更多的能力。而你，间占，你应该在这个社会中，扮演更活跃的角色。至于我呢，该开始进行对话以便探讨普遍性。

间占　但是，教授，除非您将我们纳入您的对话圈内，否则我想，没有一个超过五十岁的经济学家会愿意加入您的对话圈。嗯……还有，单靠这样的讨论，是无法写出研究型论文的，这样一来，这个学术圈子里就不可能出现研究的先驱者来带领大家前进了。

既然我曾自我期许为学界作出一番贡献，所以短期间之内，不管论文议题是教授您所谓的特殊化一个一般理论，还是一般化一个特殊理论，我想我还是会继续写下去的。

森森　而我目前的首要工作，就是先训练好我的身体，至于该如何锻炼智力，到底是应该让自己的头脑变得空空如也，还是应该让脑袋装满东西，确实是个问题……

新月　（站起身来并伸展他的双臂）不错，今天收获不少，不过也该回家了。今天我该买什么回去呢？喔，这是我太太写给我的购物清单。好，我们下星期见。

新月匆忙地离开

森森　（注视着窗外的夕阳）间占老师，对我来说，今天的收获真多，我真希望我的研究工作也能够这样地进展。

间占　我也希望如此。只是如果想要有更多的进展以便进行论文的撰写，我们讨论的内容就必须更具体些，不能像今天这样的抽象。

森森　我懂，你会这样想，是因为你已经远远走在我的前面。不过，因为有你的参与，所以讨论才能顺利地进行，也因为你的说明，我才能够跟得上你们的讨论，所以我会更加努力，使得我的谈话内容能对今后的讨论有建设性的贡献！

（握着强而有力的拳头）我会加油的！

旁白 这是一个很长的讨论，我已经累坏了，读者们想必也累了。毕竟，新月教授并没有告诉我们他认为最好的思考方式。但是一旦我们继续追问，我认为我们会听到他伟大的研究计划，以及投入大量心力的长篇大论。哲学家怀特海曾经写道：

> 科学早期发展阶段时的特征……在目标上，需具备深远的企图心，但在细节处理上，宁可简单。①

这或许意味着新月的故事既深奥又简单。接下来，等各位准备好要继续聆听这冗长却简单的故事，再说吧。

现在，我必须赶紧去买些东西了。如果生活上也能有个像新月教授这样的伙伴，帮忙我处理日常生活上的琐事，那该有多好。

---

① Whitehead AN（1917）*The organisation of thought*，Chapter VI. Williams and Norgate，London.

第二幕　魔芋对话与博弈理论

旁白　与第一幕中的演员相同，新月、间占以及森森将讨论魔芋对话与博弈理论的关系。据我所知，魔芋对话是一个日本的喜剧故事，它指的是一段因语意不清而造成彼此误解的对话。他们不可能将博弈理论说成是魔芋对话吧！但是如果他们朝这个方向讨论，读者们，为博弈理论并非如此而努力辩解吧！然而，我仍然不清楚什么是魔芋对话。

第一场　魔芋对话

新月、间占及森森正在喝咖啡

森森　教授，您常常说，“博弈理论与社会科学的基础问题相关，因此，你们必须考虑博弈理论的基础”。我也认为基础是重要的，但是我们应该如何具体地考虑它呢？

新月　像往常一样，你老是问这样困难的问题，好吧！我试着解释它。不久前，在京都有一个关于认知逻辑（epistemic logic）以及博弈理论的研讨会，我和间占都参加了。博弈理论的知识面是会议的主题之一。

间占　是的，是的。我认为这是个很好的研讨会，我尤其喜欢在桥本关雪纪念馆所举办的接待会。①第一天的自由讨论，出现了魔芋对话，当然，这非常有趣。教授，有关魔芋对话的讨论，您有什么想法吗？

新月　啊！那个接待会办得非常好，我们参观了日本花园，畅饮清酒，再佐以美食，那是非常好的清酒，不是吗？你知道那个清酒的产地在哪吗？

森森　教授，您又开始谈论酒了。间占先生，请不要引导教授到这个他最喜欢的题材。

（朝向新月）间占先生问您对于魔芋对话的看法，你是否也能解释“epistemic”这个词的意义？

新月　是的，我们应该稍微严肃些。首先，“epistemic”这个词的意义是“关于知识”，但我们将用“所有与知识相关的事物”这个较为宽松的说法来解释。当你听多了这个词，并

---

① 桥本关雪（Kansetsu Hashimoto）是日本传统绘画的画家，京都学派20世纪初的代表人物，出生于1883年，过世于1945年。他位于京都旧小区的工作室被改建成了纪念馆。

且开始使用它，你会更了解它的意义。顺便问一问，森森，你知道什么是魔芋对话吗？

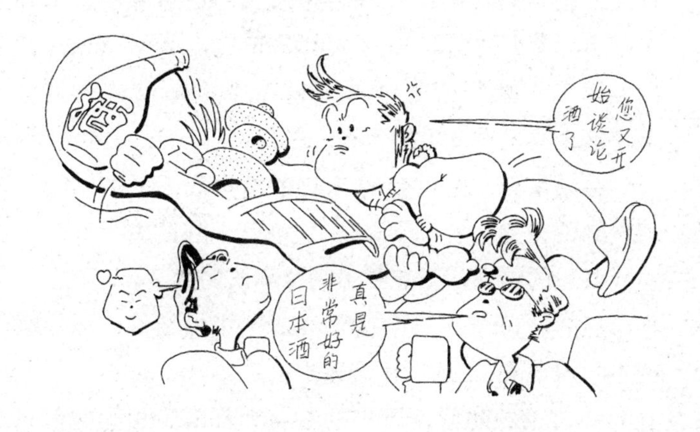

森森　它是不是指一个好笑而又意义含混的对话？

新月　嗯……它通常是用来指一个像“devil’s tongue jelly”一样，让人感觉含混不清的对话。

森森　什么是“devil’s tongue jelly”？

间占　它是魔芋的英文。

新月　是的，它有黑楬色的斑点，黏黏的，很难看，像魔鬼的舌头，不是吗？

森森　原来就是那个大舌头啊！不过，因为它卡路里低、纤维质高，我女朋友很喜欢它。

间占　森森，专心些！

新月　事实上，魔芋对话是一个以落语①形式表现的日本传统喜剧故事。据说，它是落语演员二代目林家正藏写的。那不单是一个意义不清楚的对话，它说明了我们的信念或知识受制于主观以及谬误，尤其是当两个或更多人在讨论事情

---

① 落语是日本的一种传统表演艺术，与中国传统的单口相声有类似之处。而魔芋对话的故事与单口相声《山东斗法》相似。——译者注

时，可能产生相互误解的现象。

间占 在研讨会中，我们讨论人们如何确信某个特定的事情是彼此之间的共同知识。所谓共同知识，是指每个人都知道这个信息，除此之外，每个人都知道每个人知道这个信息，以及每个人都知道每个人知道每个人知道这个信息，等等，这个情况一直重复下去。①

研讨会结束后，研讨会的参与者们达成下面的结论：是有某些结论在参与者间形成共同知识，但是每个人对于这个达成共识的结论，可能赋予完全不同的意义。

森森 你所说的“每个人对于这个达成共识的结论，可能赋予完全不同的意义”，是指什么呢?

间占 在自由讨论的时候，所有的参与者都得到相同的信息，这就是共同知识。然而，每一个参与者对讨论的事物有不同的理解，这就是我的意思。

森森 谢谢。我认为我知道你在说什么了。

间占 这的确就是所谓的魔芋对话。除了我们所达到的结论外，会议中有一段对话，对我而言，更有意思。主席 K 先生用下面的话作为我们自由讨论的结语：

> 会议的学者来自诸如经济学、博弈理论、哲学、数学、逻辑学等不同的领域。在研讨会之前，我对于这个讨论会导致的结果有些疑虑。但是我们热烈的讨论，完全超出预期。我们谈论了许多不同的题材，而且听到来自许多不同领域的宝贵意见，现在我们有了更多的共识。

---

① 从认知逻辑的观点来探讨共同知识或博弈理论，目前在国际间相当盛行。关于这个领域的介绍可参见：Kaneko M（2002）Epistemic logics and their game theoretical applications：introduction. *Economic Theory* 19：7－62。

然后，有一个参与者给出了以下列的评论：

> 我们表达出不同的意见，是因为我们来自不同的学科。然而，我们从事研究的目的或多或少相同，就是为了更加了解这个世界，以便改善我们的生活。毕竟，我们的想法类似，所以借着自由讨论，我们彼此更加了解。今天，我深信，纵使我们来自不同的领域，如果我们足够努力地与其他人沟通，我们可以了解彼此。

森森　这是非常好的评论。

间占　然而，一个非常有名的逻辑学家 O 教授也在现场，他对这个评论开了个小玩笑。他说：

> 这仅是你认为你了解彼此，事实上，我们每个人或许想的是完全不同的事。所以，我们或许产生了魔芋对话。

自由讨论在这个评论后结束，这些热烈的讨论留给我们或许仅仅是一个魔芋对话的感觉。

森森　我懂了。某人认为他们之间彼此了解，但另外一个人则不认为如此。

间占　不，不，你没抓到事情的关键。所有的参与者都相信他们有个非常有意义的讨论，但实际上，每个人想的却是完全不同的事。这就是魔芋对话的意义。

森森　间占先生，如果你知道魔芋对话这个故事，可不可以请你告诉我？

间占　好的，但是我不确定能否说明得很清楚。研讨会后，我想读读这个故事的原文，所以我去了一趟图书馆。我读的是约在 1890 年，将魔芋对话以对话的形式记载下来的版本，它是以古老形式的日文写的，所以对我来说，要读懂它，真是很难。[①]让我想想，故事大概像这个样子：

一个名叫六兵卫的魔芋制造商，假装自己是个和尚，住在一个已经废弃、没有和尚居住的庙宇，他原来住在这间庙宇的隔壁。有一天，有个禅宗的旅僧，云游经过，他对六兵卫提出佛学讨论的要求。六兵卫对佛学并无认识，所以他没有讨论佛学的能力。他尝试拒绝，但在无可奈何的情况下，他只好同意。

这个旅僧开始了谈话，但是六兵卫并不知道应该如何回应，他只好保持沉默。这个旅僧尝试用许多不同的方式与六兵卫沟通，经过一段时间后，六兵卫开始以姿势所做出的肢体语言来回应旅僧，旅僧认为这是一种对话的方式，所以也尝试以肢体语言来回应。经过一段时间的互动，旅僧告诉六兵卫："你深奥的思想，是我无法比拟的，打扰你了，我非常抱歉。"说完，他立即离开庙宇。

六兵卫的邻居八五郎目睹了整个辩论的过程，他追着旅僧问到底发生了什么事。旅僧回答说："我的佛学训练还不足以与那位大师讨论，对于我的匆忙离去，请转告他我深深的歉意。"话才说完，这位旅僧就一溜烟地跑走了。

八五郎回到庙宇后，就问六兵卫有关他对佛学的了解程度。六兵卫回答："不，我对佛学一无所知。其实，这个家伙是个乞丐，他批评我的魔芋，这就是为什么我要教训他的理由。"

森森 （被故事深深地打动）旅僧以及六兵卫利用肢体语言展开对话，结果六兵卫胜利。至于六兵卫在辩论中胜利的理由，八

① 晖峻康隆等编（1980）《明治大正落语集成：第3卷》，第61—70页，讲谈社，东京。

五郎分别问了作为当事者的旅僧及六兵卫，但是他得到了完全不同的答案。魔芋对话这个故事是否有解释这俩人如何解读肢体语言呢?

间占 是的，的确如此。旅僧当然是根据佛学来解释肢体语言，但是六兵卫则用肢体语言来阐释他制造的魔芋。

森森 我懂了。这两个人都认为他们的讨论非常有意义，其实，他们对于借以交流的肢体语言，却有完全不同的诠释。

O 教授最后的评论是指，会议的参与者们认为借着研讨会的自由讨论，他们共享了许多的想法，但实际上，他们想的却是完全不同的事情。这是多么讽刺的一个场景啊?

新月 森森，你也开始变得愤世嫉俗了，我以前总认为你非常积极而且充满活力。

纵使在日常的生活中，我们也常看到魔芋对话，或许我们能找到更有趣的场景。比方说，你正在和一个人谈话，而且你很清楚地知道他不了解你的意思。但是他说“我懂了，我懂了”，而且继续不断地说下去。不论你如何努力地解释，这个人一直重复着说“我知道你想说什么”。在他的潜意识中，他不愿意承认他无法了解某些事情这个事实。

这个在自由讨论快结束时所提出的评论，可以说是一个说明这个现象好的，或者是坏的例子。

间占 教授，每当您一说话，您就变得刻薄。或许，其他人会认为您就是一个这样子的人。

新月 呵呵呵！你是对的，我必须非常小心。

森森 但是，教授，我不了解魔芋对话跟博弈理论之间有什么关系。

间占 我也不懂。在京都的研讨会中，人们将它当成是认知逻辑里的一个问题来讨论。

新月 真的吗？我认为这两者间的关系相当清楚。好吧，我来解释一下，魔芋对话与目前的博弈理论可能有两个关联。首先，在博弈理论的现象里，我们发觉有某些类似魔芋对话的层面。其次，在我们的行业中，常有魔芋对话的现象出现。

森森　这两个可能的关联，我都不懂。

间占　博弈理论中可能存在着类似魔芋对话的层面，这听起来很有趣。但是要说我们的行业中常有魔芋对话的现象出现，似乎并不适当。我认为后者，基本上与O教授那个刻薄的评论类似。

新月　是的，这是事实，这两者都与魔芋对话有着相同的结构。然而，第二个，也就是间占认为不太适当的那一个，比起他所认为较有可能的那一个更容易理解。

我几天前提到，对于一个数学形式，博弈理论中不同研究领域的学者会赋予不同的意义。[①]让我们考虑这种情境，许多来自不同领域的人参加同一个会议，一般说来，正式的演讲都是使用博弈理论的术语，也就是数学语言。参加会议的人显然了解，而且彼此能够沟通。然而，这些来自不同研究领域的人，可能对于某些数学形式赋予完全不同的解读。

森森　教授，您有没有具体的例子？我想知道您在谈哪些人，而这些人又是属于哪些研究领域？

新月　嗯……是有一些人以及研究领域属于这一类型。你知道机制设计或实施理论这个研究领域，对吧？如何设计一个经济机制以便在每一个参与者显示出偏好关系后，能产生帕累托最优的结果，是这个领域主要关心的议题。为了得到帕累托最优的结果，这个领域的研究者希望设计的机制能使得每一个参与者都愿意诚实地说出他真正的偏好关系。

这是与福利经济学相关的理论经济学家喜欢的问题，他们形成一个圈子。然而，关于传统的博弈理论，我们假设博弈的规则，包含所有参与者真正的偏好关系在内，都是共同知识，

---

① 请参见第一幕第三场。

尽管这些假设并没有以任何的数学形式清楚地写出来。

当两个来自不同领域的理论学家在讨论时，他们都了解的数学部分，其实被各自赋予了不同的意义。所以可能发生只讨论数学的形式，而完全忽略了它所延伸的内涵。

间占　我也注意到这件事了。现在，我们仅考虑那些关心数学原始内涵的经济学家，至于其他类型的经济学家根本不值一顾。

森森　间占先生，你很严厉喔。

新月　没问题吧！当每一个参与者的偏好关系都是共同知识的一部分时，那每一个参与者所显示出的偏好关系是真是假就无关紧要，因为每个人都知道真正的偏好关系。从这个角度而言，机制设计这一个领域就没有什么意义了。

森森　对！这没什么意思。那些机制设计领域的理论经济学家又怎么想这件事呢？

新月　他们认为将每一个人的偏好关系视为共同知识，这是一个荒唐的假设。就某种程度而言，我也同意这个观点。

一方面，当传统的博弈理论学者提出共同知识这个假设时，往往是在博弈由个数很少的参与者所构成，很少的参与者，我指的是 2 或 3 这样的数字。另一方面，机制设计通常是以包含大量参与者的经济体作为探讨的对象，因此，这个领域的研究学者认为将每一个参与者的偏好关系假设为共同知识并不适当。

然而，这两类理论学家都采用纳什均衡作为他们基本的解概念。换句话说，他们用了相同的数学概念，但是却赋予这个数学概念完全不同的意义。

森森　哪一个正确呢？

新月　嗯……这是个困难的问题，两者都有缺点。

森森　您可不可以说得更精确些？

新月　好的。我先用一个具体的例子来说明，过几天，我们会再讨论纳什均衡。[1]机制设计的目标是针对有大量的参与者所产生的问题。现在，我们假设参与者的个数是100，而且有两个可能的社会选择 A 及 B，我们再假设 A 或 B 其中之一必须被选出。如果每一个参与者都说出他喜欢的选项，那么这100个参与者所显示出的偏好，就会形成由 A 及 B 所构成的一个100个维度的向量。然后，根据这个100个维度的向量，中央政府设计一个加总的法则来决定哪一个选项是这100个参与者的集体偏好。这个加总的法则是一个函数，从这个由 A 及 B 所构成的100个维度的向量来决定最后的选择是 A 还是 B。这个函数 F 可以表示为

$$F:\{A,\ B\}^{100}\rightarrow\{A,\ B\}$$

森森，这个函数的定义域 $\{A,\ B\}^{100}=\{A,\ B\}\times\cdots\times\{A,\ B\}$ 有几个向量?

森森　这很简单。每一个参与者独立选择 A 或 B，所以这个数字是将2自乘100次，因此 F 这个函数的定义域里共有 2^{100} 个向量。

唉，又来了，我们又有一个这种形式的数字，阿伏加德罗常数差不多是 2^{79}，所以这个数字更大些。如果参与者的个数是341，则定义域中的向量数目差不多是整个宇宙中的质子及中子的数目的总和，对吗? 这样的函数是无法计算的。[2]

间占　除非博弈的规则更为具体或更为简单，否则，没有一个参与者有办法做出合理的决策。对于这样的一个博弈，我们无法假设每一个参与者能够表现出理性的行为，然而，我们还是很机械地将纳什均衡应用在任何一个博弈上，这是我们这个行业典型的手法。教授，您又再一次成功地引导我们得到一个负面的结论。

---

① 纳什均衡理论的不同诠释，将在本书第四幕中讨论。
② 请参见第一幕第四场。

新月　哈哈……对于这个问题，我们只用一个简单的例子，就立刻产生这样可怕的结构。我的论点是，有些由不同的动机所产生但却使用相同的数学形式来表示的领域，这些领域的学者之间的讨论，往往会导致奇怪的现象。没有清楚地检视每一个理论的背景及适用的范围，是产生这个问题的原因。只要这些部分仍然含混不清，类似的讨论很容易造成魔芋对话。

间占　我认为我了解您尝试解释的事，我们应该谈谈那些牵涉魔芋对话的博弈现象了。

新月　好的。啊！已经三点半了？我需要参加一个行政会议，很抱歉，我必须先离开。

新月小跑地离开了实验室

第二场 囚徒困境与两性战争

新月回到实验室，间占及森森在那里等候

间占 教授，参加这么多的会议一定很糟糕吧！

新月 对的，的确如此。在会议中，我将我自己转换成省电模式，除非必须，我试着不去想任何的事。某些人对形式上的事情非常热中，对这些人而言，他们重视表面的部分，而内涵是次要的。和这些人讨论，不过只是一个魔芋对话罢了。假如每件事都像这样，我的头脑会渐渐退化，我必须讨论较为学术的事情。

我们上次讨论到哪里了？

间占 在会议之前，您说您能提出两种与博弈理论相关的魔芋对话。第一个是博弈理论中不同领域的研究者赋予一个数学形式不同的意义，但是这些来自不同领域的研究者往往进行好像相互了解的讨论。您给了这种现象一个例子，我认为这类似于 O 教授在京都的研讨会中提出的那个愤世嫉俗的观点。

第二个是博弈理论中有类似魔芋对话的现象，当您要开始解释这个现象时，就离开去开会了。

新月 我知道了。我们应该从博弈理论里有类似魔芋对话的现象谈起。好的，我们用囚徒困境以及两性战争这两个博弈作为例子，我将这两个博弈写在黑板上。至于设计这两个博弈的目的，许多教科书上都有讨论。[①]森森，你知道这两个博弈吧？

---

① 请参见：Luce RD，Raiffa H（1957）*Games and decisions.* Dover Publications Inc，New York。有关囚徒困境的细节请参见：Pundstone W（1992）*Prisoner's dilemma.* Bantoam Doubeday Dell Pub，New York。

表 2.1　囚徒困境 g^1

1 \ 2	s_{21}	s_{22}
s_{11}	5, 5	1, 6
s_{12}	6, 1	3, 3

表 2.2　两性战争 g^2

1 \ 2	s_{21}	s_{22}
s_{11}	2, 1	0, 0
s_{12}	0, 0	1, 2

森森　对的，我当然知道。在博弈理论，这两个博弈是非常基本的知识。

新月　（*以权威的态度谈话*）嗯……作为一个教育工作者，若我指导的研究生无法适当地解释这样基本的博弈，我会觉得很难为情。当然，森森，我相信你可以清楚地解释这两个博弈。作为一个小小的测验，我请你解释它们。

森森　（*模仿新月权威的说法*）好啊，作为一个您所指导的学生，如果我能清楚地解释老师强调的重点，那我就通过了您的测验。当然，我相信，您强调的是结构，而不是细节，请您聆听我简单扼要的解释。

间占　你是一只鹦鹉吗？不要用那种方式说话，开始解释吧！

森森　好，囚徒困境这个博弈有两个参与者 1 及 2，而且每个参与者都各有两个策略，就是说，参与者 1 可以从表 2.1 中选择 s_{11} 或 s_{12}；相同地，参与者 2 可以选择 s_{21} 或 s_{22}。若参与者 1 及 2 分别选择策略 s_{12} 及 s_{21}，则他们的报酬是（6，1），我们也可以用相同的方式了解其他的情况。我们也假设每一个参与者独立地做出决策，这就是这个博弈的规则。至于每一个参与者如何在一个博弈做出决策的研究就称为求解理论（solution theory）或决策制定理论。表 2.1 所显示的博弈，不论对手的选择为何，若参与者都选择第 2 个策略，那他将会得到较高的报酬，从这个意义而言，第 2 个策略就称为占优策略。参与者应该选择占优策略的行为准则，我们称之为占优策略决策判准。若这两个参与者都根据这个决策判准做决策，则他们会分别选择 s_{12} 及 s_{22}，也就是说，他们的报酬将是（3，3）。

新月 你的解释既简洁又正确，很好！我认为你非常清楚地理解了这个博弈。

森森 非常谢谢！其实，关于这两个博弈的历史发展以及它们有趣的内涵，我也能够解释，教授，您或许会喜欢。

新月 我很乐意听听。

森森 好的，我来试试。当囚徒困境这个博弈在 20 世纪 40 年代，可能更晚些，20 世纪 50 年代提出时，它意指每一个囚犯做决策时所遇到的困境。

占优策略决策判准建议参与者 i，i 是指 1 或 2，应该选择 s_{i2}，因为不论对手的选择为何，参与者 i 都将因此而得到较高的报酬，这将导致报酬为（3，3）。

现在，让我们想想参与者 1 在确定决策之前的思路。我们假设参与者 2 将选择他的第 2 个策略 s_{22}，同时参与者 2 也期望参与者 1 会选择 s_{12}，这个情境是非常对称的。在这个情况下，参与者 1 会这样思考：

“要有点耐心，若我决定选择第 1 个策略 s_{11}，那么参与者 2 或许会有同样的想法，因为这是个对称的情境，则结果将是（5，5），这比（3，3）好。因此，我很乐意选择 s_{11}，参与者 2 一定也很乐意地选择 s_{21}。

“唉，等一等，若参与者 2 选择第 1 个策略，那么我应该选择第 2 个策略，因为这样报酬将变成（6，1），但是若参与者 2 也有相同的想法，则报酬还是（3，3）。所以我是否应该采用第 1 个策略，满足于拿到（5，5）呢？再想想，我是否应该在最后一刻，将我的选择改变为第 2 个策略？但……但是，参与者 2 也会有相同的想法……”

新月 哇，好极了！真是好极了，你不再是一只鹦鹉的转世了，继续。

森森 然而，近来，“囚徒困境”已经变成“囚犯们的困境”了。

间占 你是指“两个参与者共同的困境”，而不是“每一个参与者的困境”，是吗？

森森 是的，就是这个意思。换句话说，这不是每一个囚犯在做决策时所产生的困境，而是指出对这两个参与者而言，(3，3）这一个结果都比（5，5）差的事实。以经济学的术语来说，就是最终的结果不是帕累托最优。对任何一个参与者而言，第 2 个策略应该是理性的选择，因为无论他的对手的选择为何，这个选择都将最优化他的报酬。然而，这种做法却不能导致社会最佳结果。

间占 没错。全球暖化现象、城市里汽车所引起的污染现象，以及其他许多环境的问题，都有相同或类似的结构。从全球暖化这一个问题来说，每一个个人对全球暖化所造成的冲击，几乎可以忽略，所以为了个人的方便，每一个人都希望使用汽车、空调、电脑等。然而，因为每个人都采用类似的生活方式，地球暖化的现象就越来越严重，这又导致每个人的福利降低，这就是为什么“囚徒困境”现在变成“社会困境”。

森森 我原来希望解释这个部分，但是间占先生已经先说了。事实上，我还有一些话要说。

我或许可以接受“社会困境”这个名词，但是称它为“囚犯们的困境”，我就觉得有点奇怪。囚犯们能够考虑彼此的福利这样的假设，似乎不切实际，因为他们一定都很自私。

根据目前博弈理论的教科书，囚犯 i 在表 2.1 这个博弈毫无疑问一定会选择占优策略 s_{i2}。虽然博弈理论学者仍称这个博弈为“囚徒困境”或“囚犯们的困境”，但其实，没有任何的困境存在，甚至全球暖化这一个问题，也没有人在困境中。

新月 有趣极了。森森，社会现状或经济资源的分配远远不是帕累托最优是一个社会问题。然而，没有一个人觉得它是一个困境，甚至“囚徒困境”也不再是一个困境。嗯……这是多么愤世嫉俗的观点。

间占 的确，森森，你已经学到了新月教授的刻薄。

森森 （伸出舌头，朝向观众）新月教授及间占先生同时都称赞我呢。（背向新月教授）接下来，我将继续解释两性战争这个博弈。

新月 我认为你已经很了解这两个博弈了，因此，让我们跳过两性战争这个博弈吧。

森森 好的，教授。

间占 但是，教授，两性战争描述了某些与我们个人生活直接相关的事，同时，比起囚徒困境这个博弈，我认为它与魔芋对话有更多相同的地方。

新月 对的，我忘掉这件事了。我本来的计划就是要解释具有类似于魔芋对话层面的博弈现象。

森森 所以请您用两性战争这个博弈来解释它们的关联。其实，我很好奇间占先生所说的“与我们个人生活直接相关的事”这句话的意思。

间占 好的，我来解释两性战争与我们个人生活的关联。

对参与者而言，因为表2.2的左上方（2，1）以及右下方的（1，2）都是纳什均衡，所以它们都是合适的选择，只要参与者们能成功地选择其中的一个组合都非常好。然而，当我们假设每个参与者都是一个独立的决策者，那么他们的决策并不一定导致（2，1）或（1，2），也就是说，他们可能会出现背叛的行为，这将导致最终的组合可能是左下角的（0，0）或右上角的（0，0）。虽然，若可能的话，每一个参与者都会希望达到更合适的组合。

男人与女人彼此吸引，所以他们希望能够继续见面。一般说来，每一个人对于另一个人的想法，与对方真正的想法往往有些出人，这导致妥协上的失败，这就表现在表2.2的左下角（0，0）或右上角的（0，0）。若是其中有一个人愿意让步，则报酬将会达到（2，1）或（1，2），这对双方将会是更好的结果。但是改变一个人的行为方式很难，他们无法容忍差异，最终只能分手。

森森　但是，表2.2并没有描述这样子的故事啊！

新月　喔！间占是谈他私人的生活。

森森　男人与女人间的关系有这么复杂吗？

间占　你迟早会了解其中的复杂以及困难。

森森　您曾经有过类似的经验吗，教授？

新月　哈哈哈！我没有这种经验。既然我们现在谈到男人与女人的题材，那我们就来考虑它和魔芋对话的关联。

根据教科书上所记载的两性战争，这个博弈有两个参与者1及2，他们分别代表男人与女人，还有两个策略，策略1及2分别表示观赏拳击赛或看浪漫的电影。男人最希望和女人一起去看拳击赛，否则就退而求其次，他希望能和女人一起去看一场电影。对他而言，无法见到女人是一桩最不快乐的事。至于女人，她希望能够见到男人，不论在拳击场或在电影院，当然，最好是在电影院。

森森 许多教科书都提到这个解释，他们有可能没办法见到彼此才是重点，对吗？但是他们难道不能使用手机来联络以避免发生这种状况吗？

新月 确实如此，假如允许他们使用手机的话。然而，设计这个博弈的目的就是要求男人与女人分别独立地作出决定。当然，若仅仅只是一个约会的问题，他们当然可以用电话联络。但是要求每一个参与者独立地做决策的情境非常多，即使可能协调，每一个人在作出选择前的最后一刻，还是要独立地作出决定，我们希望经由这个博弈来讨论独立决策这个问题。

间占 森森虽然有一个女朋友，但是他对男女之间的事似乎只有少许的概念。我最好继续吧！

依照我刚刚叙述的情境，男人必须或者选择观赏拳赛，期待女人让步，或者认为女人会希望他让步，所以选择看电影；同样地，女人也面对相同的问题。

森森，你刚刚说他们应当利用手机来讨论，但是纵使在电话中，你也不一定能够立即了解同伴真正想要的。不论是男人还是女人都不会直接对同伴说出他或她真正想的，这是男女之间的问题。因此，探讨独立决策是一个相当有意义的问题。

森森 间占先生，你是不是想告诉我去学习男女之间如何诠释对方的姿势，就像我们在高中学的《源氏物语》[①]这本小说一样？为什么你们不直截了当地说出心中的想法呢？借由姿

---

① 《源氏物语》为紫式部女士于10世纪之作品，主要描述源氏与许多女人之间微妙且缠绵的爱情故事，是一部最被推崇的日本古典小说。

势来了解彼此，已经落伍了。

新月　哈哈哈！这很快就会是你的问题了。我现在要解释两性战争那些类似于魔芋对话的解。

假设男人正在思考表2.2与他有关的报酬，他相信表2.2是他和女人的共同知识；此外，他也是个保守的人，认为女人应该对男人让步，这是女人的美德，而且这个美德也是共同知识。因为这些理由，男人选择去看拳击赛。

森森　哇……这是一个多么老式的男人啊，他是哪个世纪来的啊？

新月　让我说完以后，你再表示你的想法。

假设这女人认为报酬是依据表2.3，而不是表2.2。女人相信这男人和她一样有细致、优雅的心灵，喜欢欣赏浪漫的电影，而且她相信这个男人其实并不喜欢去看那些野蛮的拳击赛，她也认为这个看法是他们的共同知识；从另一方面来说，这个女人也很保守，她认为男人具有强壮的体魄是一项美德，而女人能了解这件事也是一项美德，而且这些美德是男人与女人的共同知识。这就是为什么女人到头来愿意让步，选择观赏拳击赛的理由。最终，他们很快乐地在拳击馆见面。

表2.3　g^3

1 \ 2	s_{21}	s_{22}
s_{11}	1, 1	0, 0
s_{12}	0, 0	2, 2

我在这里要强调，这两人考虑的是不同的博弈、不同的行为标准以及不同的社会美德，但是产生了快乐的结果。

森森　这仅是误解所产生的巧合。

间占　是的，这是一种偶然，但是我不认为它不会发生。嗯……

这或许就是男人与女人关系能够进展的一个模式。

不过，我们假设这两人已经约会了一段时间，女人很失望地知道这男人只喜欢观赏拳击赛，她告诉他："除了体魄应该健壮外，男人也需要细致、优雅的心灵。"这使得男人与她在一起很不愉快，他们最后只好分手。

森森　又来了，这段关系又破裂了，但是我渐渐了解了男人和女人之间的交往的困难。

新月　嗯……纵使信念不同，仍然可能发生相处在一起的情形。谈到男人和女人间的魔芋对话，我认为对你们两个而言仍然早了些。

森森　教授，您故事中的男人和女人都非常老式，而且这女人似乎也不是那么表里一致。

但是囚徒困境这个博弈也可能发生彼此误解的情形，这两个囚犯都认为对方会扯他的后腿。其实，根本没有人曾经考虑到对方，所以他们不会合作。所以就再也没有困境，这不就解决了囚徒困境的问题，对吗?

新月　好吧！我同意你的说法有些道理，但是我希望你注意一件事情，在我们的讨论中，博弈结构是共同知识的一部分，而行为标准及美德也是。目前的博弈理论几乎遗忘了这些事实，找一天，我们再来讨论这个问题。

现在，休息 15 分钟，我们喝些茶，然后再继续讨论。

第三场　不完全信息博弈

森森　我渐渐了解博弈理论产生魔芋对话的两种情形了，就是对于一个数学表示，分别由学者的角度或是博弈参与者的角度赋予不同的意义。这些问题已经在博弈理论中讨论过了吧，对吗?

新月　不，还没有呢。

森森　真的吗? 这些问题还没被讨论过，为什么? 那我们应该如何研究这些问题呢?

新月　很不幸地，目前的博弈理论无法掌握、描述魔芋对话这样的情境。虽然博弈理论的学者或博弈参与者使用相同的符号，但是每一个人都以主观的态度来诠释这些符号，所以常常发生一个人的解释完全不同于其他人的情况。目前的博弈理论的确无法掌握这样的问题。

间占　我并不怀疑您的说法，但是为什么呢?

森森　我相信这个结论，但我也无法了解其中的理由，可以请您解释它吗?

新月　你们都同意我的结论，但是都没有为什么同意的理由。哈哈！我很乐意解释它，从哪里开始呢?

森森　间占先生在博弈理论的课上谈到不完全信息博弈时，他提到知识以及信息，除此之外，我不认为有任何的课提到知识、信息这两个概念。我想了解，为什么不完全信息的理论不能清楚地表示魔芋对话。

间占　的确如此，我也想知道。

森森　若不完全信息的博弈理论不能清楚地解释魔芋对话，则魔芋对话就不应该是博弈理论中的一个问题。

新月　森森，你的结论太草率也太保守。的确，就如你所说，依照经济学或博弈理论的现状，不完全信息的博弈理论似乎是博弈理论中唯一论及知识及信息的一般性理论，然而，我们不应当盲目地跟从这个理论。

森森 我不会这样讲了，但是有其他的可能性吗?

新月 不要这么快下结论。你今天问了什么是博弈理论的基础这个问题，在回答这个问题之前，我们应该厘清与博弈理论相关的基础问题。然后，寻找新的且更好的观点来研究社会一经济问题，这意指我们应该超越博弈理论的现状，朝着更基础、更深的方向探索。

森森 我懂了，但是可否请您先回到不完全信息的博弈理论这个课题? 因为，对我来说，它较能帮助我了解典型的博弈理论的题材。

新月 好的。这样做也有好处，它或许能帮助我们知道什么应该避免。首先，我们来复习不完全信息的博弈，顺便提一下，相较于它的内涵，你们不认为“不完全信息博弈”这个名称过度的严肃?

间占 （非常不悦）先生，我现在想听的是您讨论的内容，而不是您过度的评论。

新月 是的，我是应该解释它的内涵。不完全信息博弈尝试掌握知识不完全时的情境，也就是说，对信息不确定的“不知”。信息不确定的表示方法是将信息所有可能的诠释列出来，然后，再赋予每一个可能性一个概率。[①]

在这个理论中，我们以参数来表示各种可能性。比方说，集合$\{a, b, \cdots, z\}$中的每一个元素表示一种可能性，然后，赋予这个集合一个概率分布。对于信息完备的情形，我们单纯地就以一个单一元素的集合$\{a\}$来表示，除了a之外，没有其他的知识或信息。

森森 我认为这样讲是对的。

---

① 请参见：Myerson R (1991) *Game Theory*. Harvard University Press，Boston。

新月　（提高音量，握紧拳头）如果一个理论无法说清楚最简单的状况，也就是信息完备的情形，则对于稍微复杂的情况，它一定也无能为力。

森森　教授，请您解释得更为具体些。

新月　好的。在不完全信息的博弈中，我们假设每一个参与者知道他本人的报酬函数，但是他只知道对手们可能的报酬函数，以及分布其上的概率。

现在，我们来考虑囚徒困境这个具体的例子，每一个参与者 i，$i=1$，2，知道他自己的报酬函数为 g_i，但是并不清楚对手是否知道。假设参与者 1 仅知道参与者 2 的报酬函数不是 g_2 就是 h_2，h_2 是指参与者 2 在两性战争这个博弈中的报酬函数。就像我前面提到的，我们的“不知”是用一个概率分布来表示，假设 g_2 的概率是 1/2，h_2 的概率也是 1/2。

间占　这确实是一个相当标准的解释。

新月　不，与其说标准，倒不如说它是忠于数学形式的解释。我现在尝试给一个稍微标准一点的解释。

参与者 1 知道自己的报酬函数是囚徒困境的 g_1，但是他不知道参与者 2 的报酬函数是囚徒困境的 g_2，还是两性战争的 h_2。此外，参与者 1 还需要考虑参与者 2 如何思考，在参与者 1 的心中，参与者 2 的报酬函数可能是 h_2，而且他也需要想像参与者 2 不确定他的报酬函数究竟是 g_1 还是 h_1。参与者 2 也有类似的思考。

参与者 1 对于参与者 2 的报酬函数的信息并不完全，他以 g_2 发生的概率是 1/2 以及 h_2 发生的概率是 1/2 来表示。在标准的解释中，我们假设每一个参与者都知道这个概率分布，更进一步地说，这个概率分布是共同知识。

间占　的确，您的解释已经更标准了。

新月　再说，森森，在不完全信息博弈的数学表示中，你知道哪里有写需要共同知识这个假设？

森森 我看过许多文章中有这样的句子，但是有办法以数学的形式表示这个假设吗？

新月 事实上，虽然共同知识这个假设是这个理论的核心，但是它并不曾以数学的形式表示过，所以你不能认为它是一个数学假设。这是一个应该以严谨的方式加以说明的假设，但却从来没有这样做过。

这就是我们这个行业主流学者的习惯，这种做法类似于“若要闯红灯，就大家一起闯，这样安全些”。

间占 对于这样的想法，我曾有些质疑。我们可不可以回头讨论不完全信息博弈呢？为了分析这样的博弈，海萨尼定义了贝叶斯均衡。[①]森森，新月教授刚刚所描述的博弈，贝叶斯均衡应该是什么样子？

新月 这需要一些时间来计算，就把它当做是森森的作业吧！森森，你可以参考教科书来计算这个博弈的贝叶斯均衡。

森森 好的，我等一下会将它算出。其实，我现在就想算算。

新月 不，不，森森，这是你的功课。现在，我要回头考虑如何处理信息完备的博弈。假设我们刚刚提到的博弈信息完备，会是什么现象？

森森 嗯……根据您的解释，每一个参与者都知道自己的报酬函数，至于对手的报酬函数，信息完备是指可能性只有一个，换句话说，以黑板上的例子来说，它就是单纯的囚徒困境。

新月 对的。

森森 我知道了。信息完备是最简单的情况，所以您说“如果一个理论无法说清楚最简单的状况，对于稍为复杂的情况，它一定也无能为力”。

---

① Harsanyi JC (1967/1968) Games with incomplete information played by ‘Bayesian’ players, Part I, II and III. *Management Science* 14：159－182，320－334，and 486－502.

新月　就是这样。

间占　（带有挑战的意味）我认为您的说法相当片面。对于您刚刚所批评的，许多学者有正面的看法，或至少有一些合理的说法。我来说说对于不完全信息博弈比较正面的解释：

> 原则上，一定能够完整地描述一个社会或社会状态，然而，建构不完全信息的博弈与这些描述无关。关键在于有多少种可能的社会状态以及人们在这些可能性上的概率评估，而不是描述每一种可能状态的内涵或内部结构。这个理论仅要求每个参与者知道可能的状态的个数，以及这些状态的概率分布值。若有需要对每一种社会状态作更细致的描述时，也一定可以做到。

森森　这是一个合理的说法。

间占　那么，我继续说：

> 从这个意义上来说，不完全信息的博弈理论与是否将每一个可能的社会状态作更细致的描述无关，所以不完全信息的的博弈理论是一般的，它足以涵盖那些需要更细致描述的研究工作。同时，原则上说来，牵涉知识或信息的那些更具体的问题也可以视为这个理论的应用。

森森　喔……这个说法相当程度地合理化不完全信息的博弈理论，教授，您的看法如何？

新月　嗯……我有点头痛。这是一个经过深思熟虑的说法，并不容易反驳，不过，这仅仅是一个辩解罢了。

首先，对于社会状态的描述，不是简单到用几种可能性就可以带过，这是个问题。其次，经过描述的社会状态是否真正反映内涵，也并非简单到可以忽略。

森森 可否解释地更具体些。

新月 这里，我想应该用一个类比来说明，这相当于说，“任何我想要做的事情，只要我去做，我一定做得到”。或许，某些人会说：

> 公理化集合论是一个足以涵盖现存所有数学领域的理论，所以有关包括博弈理论在内的所有数学领域的研究，我们只要从事公理化集合论的研究就足够了。

假设情况是这个样子，那么提出这个说法的人，只需要从事公理化集合论研究就行了，但是我不相信那些有品味的公理化集合论学者会这样说。

森森 的确如此。只是说“任何我想要做的事情，只要我去做，我一定做得到”而不去实践，这是非常差劲的。

当我还是小孩时，并不像我那些聪明的姐姐们那样的用功，我的成绩也不如她们好，我的母亲常指责我说：“用功些!”这时候，我的父亲老是用“元气，若你愿意试的话，你一定做得到，你只是没去做”这些话来安慰我。对于我父亲的话，我大姐会生气地说：“不去试，又有什么用呢?”

新月 但是，森森，你最近非常用功啊!

间占 没错，他的确很用功。我们还是回到不完全信息的博弈这个话题吧！有关您先前对于信息完备的说法，我可以提出另一个理由：

> 我们主要的兴趣并不是信息完备的情形，所以我们不应当耽溺于此。当一种状况可以用信息完备的博弈的组合来表示时，这才真正是不完全信息的问题，

这也就是我们目前的兴趣。

森森　哈哈！将你不感兴趣的事组合之后，就会产生兴趣，这真是奇怪啊？如果你更仔细地观察不完全信息博弈的结构，最简单的情况就是信息完备的博弈，所以我们应该对这个最简单的情况，作出有意义的讨论。

新月　我同意森森的结论，若能有意义地处理信息完备的情况，同时也能精确地讨论不完全信息的情况，这是最理想不过了。然而，你所说的“奇怪”才真正奇怪，比方说，糖和酒精都是由碳、氢和氧组合而成的分子，但是糖所具有的甜这个性质，并不是碳、氢、氧所拥有，而是因为糖分子的关系。作为组成元素的各种原子并不甜，但是由这些原子组合的糖分子却是甜的。酒精分子的组合方式些许不同于糖分子的组合方式，它具有不甜的性质。总结来说，一个人可能会对那些他不感兴趣的事物的组合产生兴趣。

附带一提，酒精可以被分离成甲醇和乙醇，我对于碳、氢、

氧，甚至甲醇并没有特别的兴趣，但不知怎么搞的，我对于乙醇却情有独钟。京都接待会上提供的清酒，是由水、乙醇以及一些并不有趣的东西组合而成的，但却能引起我们的关爱。

森森 太好了，教授，但是您又将话题带到饮酒这回事了。

（想了一会儿）我也能举出一些不一样的例子。比方说，一个只卖无趣的书的书店一定无趣，我们可以用不完全信息的例子来说明。考虑这样的一张彩票，你有1/2的机会拿到一本无趣的博弈理论的书，有1/2的机会拿到一本无趣的经济学的书，则这张彩票一定像那个无趣书店一样的无趣。

新月 的确如此。森森，你很聪明。

间占 （有些生气）这在搞什么？你们俩正在进行取悦彼此的竞赛吗？你们只是希望将话题转到其他地方去。

（长叹一声，喃喃自语道）间占，冷静些。

好的，我来总结我们的讨论。若信息完备，则不完全信息的博弈理论的信息就很清楚。但不完全信息的情形下，我们知道所有的可能性，我们甚至知道这些可能性的概率分布，因此，说我们是在描述"不知"是太牵强了。简单地说，"信息完备的情况非常显然，但不完全信息的情况则异乎寻常的棘手"。

森森 间占先生，你有些极端了。

间占 假如我愿意，我也可以说些有趣的事。你知道的，"静水深流"嘛！嗯……我是不是说太多了？

森森 不，不，你是对的，这是很好的描述。

间占 非常谢谢。森森，你真是善良。

好吧，我们承认魔芋对话中出现的诠释以及误解是无法用不完全信息的博弈来描述。

教授，不完全信息博弈中所谈及的知识和魔芋对话所谈及的知识，本质上的区别是什么？

新月　你是问本质上的区别吗?

嗯，魔芋对话里的姿势是一种表现的方式，虽然六兵卫以及旅僧都解释了这些姿势，但是他们的解释却完全不同。

另一方面，在不完全信息的博弈理论中，信息以许多种可能性来表示，每一种可能性使用一个符号来代表，但是我们并没有对符号的内涵有所着墨。因此，我们无法区别符号所代表的信息以及每个参与者所赋予这个信息的内涵。或许，这就是它们本质上的差异。

事实上，由数理逻辑这门课，我们学到任何一个表示符号可以有无限多种的解释，用可能性来表示信息与数理逻辑这门课所学有很大的差距。用可能性来表示信息这个想法来自数学上的一个天真的信念，就是接受所有的事情都能以一个集合来表示。

间占　对我来说，您最后的解释好像太牵强了，至于其他的，我都理解。在不完全信息的博弈理论中，我们无法区别一个表示符号及它所被赋予的解释，然而，这个区别在魔芋对话中却非常关键。为了能有所区别，所以我们需要数理逻辑，对吗? 这是不是为什么在京都的“认知逻辑与博弈理论”的研讨会中，我们要讨论魔芋对话的理由?

新月　这就对了! 数理逻辑中的表示符号以及这些符号所被赋予的意义是完全分开的，虽然这可能带出许多很细致的问题。

森森　我也渐渐了解为什么我们无法用不完全信息的博弈来解释魔芋对话。

但是，教授，您在两性战争这个博弈中所提出类似于魔芋对话的解，似乎仍和博弈理论无关。

再说，我无法理解为什么姿势以及它们被赋予的意义对博弈理论而言很重要，若您这样认为，能否告诉我理由?

新月　你又提出了另外一个困难的问题。嗯……我是否应该先解释这个问题的历史背景呢? 或许在解释的过程中，我们可以发觉某些事情。

（头朝上似乎在回忆某些事情）为了分析一个博弈的参与者并不完全了解博弈结构的情境，海萨尼介绍了不完全信息的博弈。对于室内游戏，参与者完全了解彼此的报酬，因此，古典的博弈理论足以处理这种情形。然而，若是考虑社会—经济问题时，我们便无法假设这社会的每一个人都对社会结构有所了解，海萨尼介绍了不完全信息的博弈来处理这种问题。

当然，我们也应该讨论参与者如何取得有关博弈结构的知识，当我们了解这些情境的知识基础时，才有可能对于不同的社会—经济问题进行研究。海萨尼的理论使我们能够分析这样的情境，因此，他在1994年获得诺贝尔奖。

森森 对了，教授，差不多六点了，您今天不用去购物吗?

新月 （有点惊讶）喔……我差点忘了。我太太和小孩不在家，我今天不用去购物。所以我们可以继续讨论，但我觉得有点累，可以来点咖啡吗?

第四场 《罗生门》

新月 （咖啡激起了他的活力）好吧，我想再多回顾些博弈理论的历史。

人们在社会—经济的环境中，不像室内游戏，对于诸如社会规则、报酬甚至参与者是谁等这些构成社会的要素的知识非常有限。在这样的情境中，借着经验以及身为这个情境的一分子，人们会渐渐了解什么是合适的行为，人们也会粗略地了解人与人如何互动以及如何思考等。然而，一个人要精确地掌握整个社会结构几乎是不可能的。

森森 我同意这个说法。

新月 不完全信息的博弈理论就是为了分析这样的情境而产生的。然而，我们曾经提到这个理论有个严重的缺失，就是无法区别表示符号以及它所被赋予的内涵。再说，这个理论也没有提到与博弈有关的知识或信念如何产生。在理论的范围内，若我们能够知道信念及知识的起源或者知识如何产生，那就非常理想了。

森森 教授，您所指的信念及知识的起源是什么意思呢？

新月 信念有些是先验给定的，有些是因为某种特殊的理由所生成的，除此以外，信念与知识也可能是基于个人直接的经验，或个人在社会上经由别人的教导，或借着有系统的教育而得到的。

所以说，我们的知识及信念的来源可以分成三类：（1）先验给定，（2）因为某种特殊的理由所生成，（3）基于个人的经验。为了使我们的讨论简单些，我们将只讨论那些由第三类所产生的知识及信念。

间占 由第三类所产生的知识及信念，有些是个人亲身的体验，有些是由经验推导而得。这里是指，一个人通过经验的归纳、推导出的信念或知识。

新月 一点都没错。

间占 这里的“归纳”不同于“数学归纳法”，这里的“归纳”是指个人由有限的经验所推导出的一般法则，对吗？

新月 是的。“数学归纳法”中有“归纳”这两个字，其实它却是一个演绎的推理法则。在实证科学中，“归纳”是主要的推理法则。

间占 这也是“归纳”最原始的哲学意义。

新月 是的，没错。不过，我们谈的是一般人而非科学家的归纳推论。科学家的归纳推论需要严格地遵守某些统计学的判准，一般人使用归纳推论就大胆些，换句话说，他们往往用非常少的样本，就推导出非常一般的结论。比方说，有些人只看到两个带着照相机的日本游客，就得到每一个日本游客都会携带照相机的结论。

这点非常重要，尤其是我们如何对于一个社会情境形成个人的信念或知识，人们往往从个人有限的经验中，就推导出对于社会结构的看法。事实上，社会结构远比个人经验所能观察到的要复杂，因而几乎不可能有正确的信念。为了要在这样一个复杂的结构中建立自己的信念，我们往往用了许多随意的猜测或判断。

间占 先生，那么由您第三类的方式所产生的知识及信念，与由第二类的方式，也就是由某种特殊理由所产生的知识及信念有所重叠，对吗？

新月 没错，是有所重叠，我们甚至于无法清楚地界定每一类的界限。

我想说的是，那些曾经待在同一个地方又有相同经验的人，对于这些共同的经验可能由于某些理由而给出完全不同的解释。

间占 啊，我懂了。所以说，这里又产生了魔芋对话的形式。

新月 你现在一定知道魔芋对话和博弈理论是相关的。

间占 是的，我也同意。当我们谈及一个曾经共有的经验时，我们仅仅在述说表面的现象，每一个人会对这个共同经验赋予自己的解释。拿魔芋对话来说，某人做出一种姿势来传达某个意义，旁观者却可能赋予这种姿势完全不同的意义。

森森 喔……这听起来好像是树状图博弈的信息交换，对吗？我终于渐渐了解博弈理论与魔芋对话的关系，的确，如果我们能发展出这样的理论就太妙了。那么，我们可以想到哪些具体的应用呢？

新月 嗯，那个在京都研讨会担任主席的K先生，他好像正在和他的研究伙伴由数理逻辑的角度研究这个关系的理论部分。

至于具体的应用，我们可以想到社会学家默顿提出的自我实现预言，默顿举了诸如20世纪30年代美国经济大萧条以及种族主义作为例子。[①]当某人谈及某个期望或希望，而且在行为上也表现出来，纵使当时这个期望或希望并不存在，他的言语以及他的行为，对其他人而言，却有预测的功能。最终，这个期望或希望可能真的实现。[②]

间占 教授，我记得一部由黑泽明所导演的电影《罗生门》，这部电影提出了一个相反的现象。[③]在自我实现预言中，一段言语的陈述创造出一个新的事实，然而在《罗生门》中，每个人对于相同的现实却有不同的描述。相较于自我实现预言，这更类似于魔芋对话，是吗？

新月 是的，我也这样认为。黑泽明是日本在20世纪少数伟大的

---

① Merton RK (1949) *Social theory and social structure*. The Free Press, London.

② 博弈理论讨论歧视与偏见的文章，可参见：Kaneko M, Matsui A (1999) Inductive game theory: discrimination and prejudices. *Journal of Public Economic Theory* 1: 101–137。

③ 黑泽明《罗生门》这部电影的故事改编自芥川龙之介的《竹林中》，收录在：*Rashomon and other stories by* Ryunosuke Akutagawa. Translated by Kojima T, Charles E (1952). Tuttle Co, Tokyo。

电影导演之一，而《罗生门》就是他的杰作，这部电影我看过好几次。

间占 让我来说明这部电影的剧情吧?

新月 不！我是黑泽明的大影迷，而且极其欣赏《罗生门》这部电影，所以还是让我来吧。三船敏郎和京町子是这部电影的主角，当时他们都非常年轻、性感而且充满活力。

森森 这部电影是什么时候拍的?

新月 这部电影在1950年拍的，而且在当年上映，它得到1951年威尼斯影展的金狮奖。总之，电影的剧情是这样子的：（*将他的声调变得有力且宽广*）

> 9世纪的日本，离平安京[①]——当时的京城——不远的一个茂密森林里，发生了一个事件。一个叫做多襄丸的粗野的暴徒迷昏了一对夫妇，强暴了美丽的妻子——雅子，并且杀害了她的丈夫。

附带提一句，强壮的三船敏郎扮演暴徒多襄丸，耀眼的京町子扮演美丽的妻子雅子。剧情是这样发展的：

> 一个躲在树后的村民目击了整个事件。隔天，这个粗野的暴徒被抓了，他和其他人在法庭被问及在森林中发生的事。首先，这个暴徒以及美丽的妻子分别提出他们对于这个事件的看法，由于强调的重点不同，他们的说法在几个关键点上产生歧异。然后，村民也叙述他所看到的，但是他所叙说的故事又不同。对于事件发生的经过，所有的说法似乎都有些扭曲。最后，借着老灵媒的嘴巴，死去的丈夫也叙说了他认为

① “平安京”是京都在明治维新（1868年）前的称呼。

的案情，但是和其他人所叙述的又有所不同，这仅仅是法庭上另外一个扭曲的故事。最终，法庭上没有人相信这个案子的任何一个说法。

森森 这是一个暴力还是法律案件的电影?

间占 不，森森，这部电影强调的是，人们看到一个相同的事件，却以完全不同的方式来理解。

新月 的确，《罗生门》描述了一个非常相似于魔芋对话的现象。然而，《罗生门》也包含了某些魔芋对话中所没有但是有趣的层面。这四个人不单单用不同的方式来描述，同时，也扭曲他们所见到的。当死去的丈夫借着灵媒说明案情，他以偏向他希望的想法来述说，而其他三个人也有类似的倾向。

森森 我懂了。每个人朝着对他或她本人有利的方向来改变案情，这些扭曲案情的行为是故意的吗?

新月 不，当然不。这些行为是在毫无意识的状态下产生的，这是一个无意识下的合理化。就像间占曾经提过，用很困难的辩证来合理化一个人的研究成果，也是基于相同的心理因素。这是说，有些研究者怀疑自己的研究成果是否具有意义，经过这样合理化的过程之后，他会在无意识之下祛除疑虑来正当化这个研究工作。

对于《罗生门》这个故事，有件事情我也非常好奇。所谓“人之将死，其言也善”，通常来说，当一个人已经死亡或濒临死亡，我们会期望他说出真话，因为他应当再也没有什么欲求。奇怪的是，在《罗生门》里，这个过世的丈夫也扭曲了这事件的情节以维持自尊，真是这样吗?

森森 我不知道，因为我没有死过。

新月 你是对的。很抱歉，这是个笨问题。

（想了一下）嗯……是、是，我想指出在魔芋对话以及《罗生门》中主观以及客观的部分。在魔芋对话中，那些交换信息的姿势是客观的，但个人的解释却是主观的。在《罗生门》中，甚至于连这种区别也不是很清楚。

间占 我来用博弈理论的术语，将您的话重复一遍。

考虑一个只有少数参与者的博弈，这个博弈的每一个参与者并不知道其他人的报酬函数。在这样的情境下，我们可以假设，当我们执行完一次博弈，每个参与者所采取的动作是共同知识，但是对其他参与者而言，他们仍然无法知道任何一个参与者的报酬函数，所以这个报酬函数对其他的参与者而言仍是主观的。

若我们也考虑《罗生门》的层面，事情将变得更不清楚，因为对于这些动作的客观观察，也可能掺入一些主观的因素。

新月 的确如此，我们现在有几个重点，我来作个总结。

那些参与者所采取的动作可以是共同知识，但是每一个参与者的报酬函数或推理过程则不是。有关这些，目前的博弈理论很单纯地以每一个参与者知道所有人的报酬函数这个假设开始，事实上，一个人对于其他人的报酬函数的认定，也可能只是他自己的想像罢了。

此外，《罗生门》这个故事说明我们的观察也可能掺入主观的成分。对于被观察事物的信息，为了有利于自己，我们会无意识地将它改变。所以我们不只会对其他人的事物，也可能对自己的事物产生错误的诠释。

森森 如果我们连自己都不能信任，那我们到底要相信什么呢？

新月 当然，我们不但不能信任自己，也不能相信别人。但是我们至少可以扪心自问，我们是否倾向于作对自己有利的解释。

间占 先生，你真是一个不可知论者。

新月 不，我原本不是一个不可知论者，但我曾经预感有可能转变成一个不可知论者。在我逻辑追寻的过程后，的确，我成为了一个不可知论者。

间占 这不就是我们以前所提到的俄狄浦斯追求吗?[①] 他预感无法追寻到真理，但他不气馁地继续追寻，最后他落入了不可知论的深渊。

新月 (非常欣悦) 就是这样。再说，你们有没有注意到一个努力从事俄狄浦斯追求的人，在心理层面上，和《罗生门》中的人物非常不同? 纵使知道会导致悲剧，前者仍然无法停止对于真理的追寻，而后者为了个人的利益，不知不觉地改变了他观察到的真相。哪一种行为更值得尊敬且更有价值呢? 哪一种行为你们认为更易于接近真理呢?

森森 我不知道。但是，教授，我觉得您好像要引导我们做出您是值得尊敬或更有价值的人的结论。

新月 哈哈哈! 我倾向导出自己喜欢的结论! 我应该更小心点。

间占 教授，人们用自己的思维方式来解释自己或他人的行为，这里面充满了错误及不当，一个社会继续这样运作不会发生问题吗?

新月 嗯，这里有许多问题。从某个角度来说，错误或不当的解释或许只是有些可笑，但每一个人主观的看法便是由这样的行为构成，而后再以这样的主观看法为基础来做决策，这可能造成我们对于社会现象的起因有错误或不当的理解。

因此，我们所讨论的问题不单只与社会科学的基础有关，同时也与许多目前社会一经济的问题有关。

森森 当您提到目前的社会一经济问题，是不是说那些默顿提到的，比方说，自我实现预言、歧视或是偏见?

新月 是的，没错。我认为还有其他的例子，这包含了校园暴力、毒品、飞车党等有关青少年的犯罪；或是成年人，像是政客、官员、科学家或医生等，由于疏忽或不负责任的行为所造成的问题。

---

① 请参见第一幕第二场。

间占 教授，您提到了许多不同的社会—经济问题，但是我仍然不理解为什么这和我们的讨论相关。比方说，为什么校园暴力和错误或不当的解释有关？

新月 校园暴力通常以辩解或合理化的形式出现，而辩解就是以错误或不当的解释为基础。

首先，当校园暴力的事件发生后，通常会伴随着合理化的解释。比方说，孩子或某些成人会说“这个受欺负的孩子要负责，因为他给了我们这样做的理由”，来作为合理化他们行为的借口。他们将校园暴力的发生，用因果关系来解释以正当化他们的行为，好像这一桩事件的发生，对他们而言，是不可避免的事件。但是他们忽略了一个事实，就是他们的决策过程也是引起这个事件发生的原因，由于对现象有错误与不当的理解，致使其产生的决策过程也应当负起责任，我认为在他们的借口中其实牵涉更多的错误。

我认为成人教导孩子的态度也应当负起责任，对于一个事件的发生，有些大人只要孩子能够提出合理的因果关系来解释，他们就可以被接受。因此，孩子们学习到找借口的行为，但是我们应当说“校园暴力不对”是一个无可置疑的道理，这个道德原则应该确实实践起来。

间占 很高兴，我相当了解您尝试传达的事情。教授，我们认为这些议题与博弈理论的基础问题相关，不是吗？我从来没想到这些。

新月 这是为什么博弈理论的基础十分重要的理由。

间占 教授，您又在炫耀了。

至少，我渐渐了解为什么我们要在京都的研讨会中讨论魔芋对话。那个时候，我只单纯地认为它是认知逻辑中的一个问题，虽然我当时对于这个讨论的诠释与您的意图不同，我也同意这个研讨会非常有趣。总而言之，我们之间也是魔芋对话。

森森 是的，是的，就我来说，我非常同意新月教授所说，博弈理论的基础很重要，但是我并没有深思它的内涵。所以我们之间也一样是一个魔芋对话，这方面，我与间占先生相同。

新月 嗯，你是对的。但有些东西还是与魔芋对话有一点点的不同，事实上，对于讨论的问题的内涵，我一开始就注意到你们两个和我有些不同，这就是为什么我在今天的讨论之前说：

> 或许，我们能找到更有趣的场景。比方说，你正在和一个人谈话，而且你很清楚地知道他不了解你的意思，但是他说“我懂了，我懂了”，而且继续不断地说下去。不论你如何努力地解释，这个人一直重复着说“我知道你想说什么”。

间占 （和森森彼此对视）这是不是就是您经过长时间的讨论后所得到的结论？

森森 现在，我完全了解“您是一个刻薄的人”是一个共同知识的理由。

新月 （看来很高兴）呼……除了那个让我头脑退化的会议，今天非常有收获。由于我的太太和小孩不在家，我的晚餐将在外面吃。你们要不要和我一起去喝点乙醇，啊！抱歉，清酒。我们或许找不到像在京都接待会上那样好的清酒，但总是可以找到其他的，而且我们可以继续讨论。若你们能够有不同的见解，那将是非常愉快的事。

旁白 这一次，新月教授谈到了很多博弈理论的内容，我很惊讶基础研究也可以有这样大的企图。或许，这不过是夸大其词罢了。但是对于这些古典故事，间占和新月能描述得这么好，我可以跟他们并驾齐驱吗？

噢！解梱我们吧
让谬误的思绪如风
飘散，于病魂栖身处
如波，起伏不断[1]

喔……这首诗并不那么适合这里，对吗？我应该自己做首诗，但是对我来说，这太难了。无论如何，看官们，你们知道我不单单是个匿名的旁白者，我在这个剧本里也扮演重要的角色。不管怎么说，我很高兴听到博弈理论本身不是一个魔芋对话。现在，那三个人正朝着酒吧前进，请快乐地享用清酒以及继续你们的讨论，但是可别喝太多喔！

---

① 请参见：Arnold M（1905）*Poetic works of Matthew Arnold.* Stagirus，p. 40. McMillan and Co，London。

第三幕　愤怒的市场经济

诗人安静地出现在幕布前

探险在高原啊　这是个失落的世界
　亮光炫目　冷风刺骨　感官敏锐

追随者攀爬　探索这新的世界
　不朽的真理　遍地的美

涌入的人群啊　开发这失落的高原
　耗竭自由　仍无尽地渴盼

祈求　最多人极致的幸福
　祈求没有回应　嬉戏于暗穴

诗人安静地退场

旁白　由这一幕的标题看来，市场经济似乎像哥斯拉一样的愤怒。市场经济这头怪兽打算向谁发起攻击呢？全世界吗？或许。在第一幕及第二幕中，新月、间占以及森森主要讨论与数学理论相关的问题，这些解释似乎与诗人所说的一致。因此，我怀疑这里的市场经济指的是市场均衡理论，真是如此的话，市场均衡理论可能会对博弈理论有所报复，这就有趣了。

第一场 市场均衡与社会的困境

间占表情郁闷地出现在办公室

新月 间占，你看起来不太对劲，还好吧？

间占 不，不太好。最近我对博弈理论有些质疑，这困扰着我，教授，可以请您听听我的问题吗？

新月 嗯……一个认真的研究工作者对所从事的研究有所疑虑是很正常的事，说实话，这是一件好事。

间占 您老爱开我的玩笑，我是很认真地提出这个问题。

新月 抱歉！那我就很严肃地听你的问题。

间占 我对于博弈理论与市场均衡理论的关系有很大的疑问。①对

---

① 这里使用“市场均衡理论”而不是“一般均衡理论”，后者在经济学的文献中较为常见。使用前者的理由，请参见第一幕。我们列出一本教科书作为参考：Arrow KJ，Hahn FH（1971）*General competitive analysis.* Holden-Day，San Francisco。

于经济学家，或更具体的，对于博弈理论学家及数理经济学家而言，博弈理论对社会—经济问题的研究很有帮助。然而，市场均衡理论，也就是完全竞争理论，对这些问题的了解几乎没有什么帮助。我抱持着这种态度从事研究、教学很久了。然而，最近我的看法有些许改变，就好像逆转一样，你或许可以这样称它，这个现象也发生在这儿。

新月 什么？博弈理论和市场均衡理论的逆转？这听起来很有趣。

森森 真的吗？间占先生，我已经迫不及待地要听听你的想法了，如果博弈理论与市场均衡理论彼此是逆转的，那我也应该是一个市场均衡学家，对吗？

间占 我是很诚恳地提出我的困惑，但你们尽是说些奇奇怪怪的话。其实，我也开始认为这可能很有趣。

森森 间占先生，可以开始了吗？

间占 好的。我应该从哪儿开始呢？让我用您的方式，教授。森森，可以请你把市场均衡理论扼要地说明一下吗？

森森 你是想将我当成讨论的启动器吗？这通常是你扮演的角色，对吗？不过，能有机会试试也不错。我记得新月教授在大学的课堂上告诉我们：

> 理论上来说，市场均衡理论由三个要件构成。虽然教科书有很多琐碎的结果，但只有那三个要件与上帝的思想相关，其余的都是枝节。

当时，我对这个说法相当惊讶，因为其他的教授在教市场均衡理论时，都谈枝节而不谈架构。

间占 这才是典型的新月教授嘛！教授，您引述了爱因斯坦的话，对吗？爱因斯坦说："我希望了解上帝的思想……其余的都是枝节。"

森森 真是不可思议，连这些极端的话都是引述的。但是，教授，其他人演讲时，您还是十分注意细节。

新月 （有点不高兴）我不是说“忽略细节”，我是说“适当地处理细节是最起码的要求”。一个看错音符的音乐家，一个绘图不精确的画家，一个逻辑思考有问题的学者，你认为这种所谓的专业人士有存在的价值吗？

间占 我们最好继续讨论。森森，可以请你说明市场均衡理论的三个要件吗？

森森 好！我将它们写在黑板上：

（1）消费者行为理论：给定预算约束与市场价格，追求最大效用。

（2）生产者行为理论：给定市场价格，追求最大利润。

（3）市场价格调整理论。

这些就是新月教授所提的三个要件。

间占 别停下来，请继续解释！

森森 好的。在课堂上，我记得新月教授是这样子解释：

对于（1）和（2），我们假设任何一位消费者或生产者的行为都不能影响市场价格。由（1），每一个消费者的需求函数是由预算约束与市场价格衍生而出，而市场需求函数则是将所有消费者的需求函数加总而得。由（2），每一个生产者的供给函数是由市场价格衍生出，而市场供给函数则是将所有生产者的供给函数加总而得。

接着说明（3），市场价格应调整以便消除短缺与剩余，很自然地，市场均衡价格即是需求等于供给时的价格。我们将价格调整的想法归功于亚当·斯密，一个称这种价格调整的机制为“看不见的手”的经济学家。

新月 很好。我们最好认为这只“看不见的手”可同时作用在这三个要件上，就是说整个经济体将借由这只手的引导而达到均衡，也就是所谓的先定的和谐（predetermined harmony）。纵使每一个人都追求自己的效用或利润，整个经济体也将被引导到一个很好而且平衡的和谐状态，这就是亚当·斯密希望强调的。

从方法论的观点来看，你们必须注意，由个人的面向或由市场的面向处理市场价格时的基本差异。

森森　呀……我记得您强调个别的消费者或生产者对待市场价格的方式与整个市场全然不同，这就是完全竞争的本质。您强调：（1）和（2）假设消费者或生产者在接受市场给定的价格后，追求自己的最大效用或利润。这个基本主张是在经济体有大量的消费者与生产者的假设下所衍生而来的，这个"大量"的假设赋予了每一个个人以给定的市场价格运作的正当性。

我想大概就是这些了。

新月　你或许还从其他教授那里学到一些东西。

森森　没错，我试着想一想。有一位教授教了福利经济学的第一基本定理与第二基本定理。第一基本定理是说依照市场均衡价格进行的资源分配一定是帕累托最优，也就是说，不会有任何其他的资源配置能使所有的消费者的效用变得更好。①

间占　应该可以将帕累托最优解释得更精确些：不论生产者使用什么生产技术或财货如何进行交换，所有的消费者无法同时变得更好，换句话说，当有些人的效用增加，一定有其他人的效用会减少。

森森　没错，这稍微精确了些。

间占　我认为是精确多了。

新月　好了！好了！我要特别强调帕累托最优与公平没有任何关系。举例来说，即使一个人独占了所有的财货，只要整个经济体的

---

① 请参见：Mas-Collel A，Whinston MD and Green JR（1995）*Microeconomic theory*，Chap. 10. Oxford University Press，New York。

生产与资[illegible]配没有浪费，它仍然是帕累托最优。

间占　教授，这是一个很重要的论点，但我不认为这跟我的问题有直接的关系。所以，森森，请你继续叙述福利经济学的第二基本定理。

森森　好的。第二基本定理是说任何一个帕累托最优配置，都可以通过对初始禀赋进行适当地再分配的市场均衡来达成。

在课堂上，我可以由数学理解这两个定理，但是我不知道为什么它们被冠上“福利经济学第一基本定理”与“第二基本定理”这样大的头衔。

新月　（朝向看似困惑的间占）森森对于市场均衡理论给了扼要简洁的说明，但是，间占，你到底有什么不解?

间占　这和森森最后的话有关，这两个定理冠上这样大的称号，我真不明白它们到底有什么足够好的内涵。我可以轻易地证明这两个定理，而且我认为这两个定理的社会—经济内涵也不丰富，它们仅仅说明市场经济可以达到帕累托最优配置，但是它们无法处理目前许多的社会—经济问题，尤其是环境问题。

森森　你所谓的环境问题指的是什么呢?

间占　比方说，过度使用化学燃料与砍伐森林所造成的全球暖化现象、大量使用汽车所造成的空气污染、使用冷气机所释放出的氟利昂造成臭氧层破洞的扩大等的环境问题。

森森　面对这些环境问题，市场均衡是否达到帕累托最优呢?

间占　不，无法达到。它可能严重地偏离帕累托最优配置，但是第一基本定理又说市场均衡可达到帕累托最优。因此，市场均衡理论与环境问题存在着矛盾，我们可以确定使用市场均衡理论来研究环境问题并没有太大的帮助。

森森　但是使用博弈理论来探讨环境问题已经有一些成果，这些研究说明利用“囚徒困境”或是“社会困境”这些博弈来处理环境问题是有帮助的。一般说来，博弈理论所建议的结果并不一定是帕累托最优，因此，可以利用博弈理论来研究环境问题。[①]

间占　从某种程度上来说，你没错。许多案例显示博弈理论所提供的纳什均衡并非帕累托最优，这也是为什么大家期望博弈理论能用来研究社会—经济与环境等问题的理由。

然而，纳什均衡可能只是些许地偏离帕累托最优。在寡头垄断理论中，当厂商的数量很大时，可能使竞争结果趋近于帕累托最优。另一方面，目前全球的环境问题更加严重：随着人口的增加，可能会产生与帕累托最优相反的情况。

虽然我们期待博弈理论能对环境问题的研究有所助益，但这只是因为市场均衡理论并不合适，所以只好期待它了。

森森　只是因为别的理论不合适，我们只好期待博弈理论，不过，可以期待总比不能期待好吧！

新月　不！如果不是好的理论，就不应当被期待，即使它不是最糟的。

间占　又来了！你们两个又离题了。还是回到我的问题，福利经济学的这两个基本定理相当有意思，但也就是两个定理罢了，称它们为基本定理就有些夸大了。我认为目前我们面临的社会—经济问题非常严重，市场均衡理论一定能够处理这些问题。

森森　嗯……间占先生，对于同一件事情，你一下表示反对，一下你却又表示赞同，我不懂你到底在想什么。

新月　这就是为什么间占会陷入严重疑虑的理由。

（换用权威式的语调）当某人觉得一个理论无法解释某个现象时，他就面临是否需要一个新的理论以及是否朝着建立这个新的理论而努力的问题。任何一个理论都有它的优缺点，为了理解某些现象而建立的理论，通常会删除一些不相关的要

---

① 关于“囚徒困境”请参见第二幕第二场。

素而忽略其他的层面，否则，这个理论不是一个丑陋的怪物就是一个无趣的玩具，这样一来，对事情的理解也就没有太多的帮助。

森森　我宁可要一个丑陋的怪物也不愿意看到一个无趣的玩具。

间占　哈哈！您的论点呢，教授？

新月　我不想谈论怪物或是玩具，但是我要强调一个好理论的建立必须经过适当的抽象过程。从一方面来说，不可避免地，任何一个理论都会有许多部分与事实不符，也就是说，那些在抽象过程中被删除的要素就无法在这个理论中被论及。从另一方面来说，感谢这样的抽象过程，它使我们可以在这个理论中分析希望理解的现象。

间占　您的论点如何跟我的问题作联结呢？

新月　我要解释一下我的说法。就一个理论的整体而言，它一定有缺点，对于那些与原先建立这个理论所希望理解的目标不同的现象，它可能完全没用。

此外，当一个人想要建立一个新的理论，不论是多么的新，一定有相当的部分是引用现有的理论，因此，你必须检视现有理论的优缺点。这样一来，为了建立新的理论，你就必须付出很大的代价，因为你需要在已有的理论中，去找寻、检视、重组可以适当借用的部分。间占，你彷徨是否应该在市场均衡理论与博弈理论的基础上发展新的理论，这造成你的困惑，是吗？

间占　大概吧！不过，我还不是很清楚问题在哪，这就是为什么我要请你们听听我的想法。请让我再多说一些市场均衡理论与博弈理论的关系。

新月　嗯……我今天来扮演赞成市场均衡理论的角色如何？我有反对它的倾向，所以我可能无法从心底完全赞成市场均衡理论，但是我会尽力。在你的问题之后，我会谈我自己的问题，它与市场均衡理论的知识面与制度面有关。

森森　那么现在的问题是我应该扮演赞成者还是反对者啰！

新月　差不多中午了，继续讨论前，我们吃点东西吧！

但是有件事情我必须说，市场均衡理论有静态与动态的分别，动态理论包含时间要素，而静态理论则没有。有人说"动态理论比静态理论更具一般性"，这不一定都对。

森森　教授，您是指"特殊化与一般化的逆转"，那是我们几天前就仔细地讨论过。①

新月　我们曾经讨论过了吗？嗯……那么，我到底要说什么呢？哈！对了！我记起来了，我是要提醒你们，一个没有时间结构的静态理论并不是说市场只发生一次交易。市场当然是一再重复，而静态理论是描述市场在静态现象下的重复，也就是说，市场的运作与时间无关，所以我们并没有将时间这个因素作清楚的描述。

间占　教授，很多人已经有这种说法了，比方说，希克斯多年前就清楚地将经济体用这种方式描述。②

新月　然而，近来我们许多同行有不同的想法，他们以为静态理论就是经济体只运作一次，我认为这是受到博弈理论一次博弈的影响，这样的人实在不应该被称为"经济学家"。

森森　您应该是扮演赞成者的角色，但您好像已经是反对者了，教授！

间占　嗯……纵使静态理论也包括时间这个因素，这一点很重要。教授，我认为这和您即将讨论的知识面有关。

新月　我知道，不管怎样，我们先去吃午餐吧。吃完午餐后，间占，我们要听听你的说法。

---

① 请参见第一幕。

② Hicks JR（1946，2nd ed）*Value and capital：an inquiry into some fundamental principles of economic theory.* Clarendon Press，Oxford.

第二场 市场失灵与广布外部性

用完午餐后，三人开始讨论

新月 我应当是扮演支持市场均衡理论的人，所以应该替第一基本定理的重要性来辩护。但是不论怎么诡辩，我还是无法合理化第二基本定理。我先复述第一定理：它是说若所有的经济活动能在市场适当地运作，则将达到帕累托最优配置。对于这个定理，我们需要假设市场有大量的个体参与，而且每一个个体有许多的竞争者。"大量的个体"这个假设是用来保证每一个体都不能影响市场价格，而且是价格的接受者。

事实上，为了使市场能适当地运作，我们需要各种制度上的安排。首先，需要"大量的个体"这个假设，然而，保障私有权则是更根本的要求：法律保障私人财货有免于遭受他人侵犯的自由，同时，法律也应当保障个体有消费自身财货的自由或以自己的方式使用自身财货来生产的自由。

间占 是的，私有权对市场而言非常根本，但它是个标准的假设。

新月 现在，我来提出一个不是那么标准的说法。

私有权这个假设并不必然导致消费者或生产者一定是一个效用最大化或利润最大化的追求者。例如，某些社会传统也可能阻碍个体成为效用最大化或利润最大化的追求者，社会也可能会发展出诸如排斥某种经济行为的传统，所以我们必须设计一些社会制度以便排除这样的社会束缚。

间占 "大量的个体"假设意味着任何一个个体无法影响市场价格，对吗？此外，您主张每一个个体应该享有法律以及实质上的自由，您是这样说的吧？

新月 没错，社会是由许多的个体组合而成，每一个个体的经济行为不应该受到社会传统的束缚，这样的社会可以比拟为一个大城市。大城市有个特质，就是每一个个体都无关紧要、可以忽视，人们称这种现象为“疏离”(alienation)，这是对于这个特质负面的说法；但是这也说明每一个大城市的个体享有不受社会束缚的自由，这可以被认为是对这个特质正面的诠释。因此，大城市可以吸引乡间的年轻人，很多人最终将与社会疏离。

森森　我到现在还不知道您到底是赞成者还是反对者。

新月　根据这个特质，市场经济有正反两面。

第一福利基本定理对于社会 — 经济制度的设计的含义：对一个给定的目标，若市场正常地运作，则与这个目标相关的经济活动将达到帕累托最优。基于这个理由，经济学家主张应该尽可能地将社会 — 经济的问题按照市场机制而非其他的方式来运作。因此，我们应该鼓励国营企业的私有化或分权化的做法。

所以，这个定理的名称恰如其分地反映了它的内涵。

森森　我懂了，这不是一个太糟糕的名称。

间占　森森，你不应该那么轻易地接受新月教授的论点！他的讨论触及问题的核心，但是给予第一福利基本定理正面评价的论述是他精心设计的。其实，他大部分的解释和持反对意见者的说法一样，这使我也很容易扮演反对者的角色。

森森　喔……间占先生，什么使你不满意呢?

间占　新月教授的解释没什么问题，然而，要使第一福利基本定理成立需要加上个人化这个前提，也就是说，一个个体的效用或利润仅依照他的消费、生产以及市场价格来决定，但是这个前提在包含环境问题的经济体中并不成立。

森森　这就是我曾经说过为什么博弈理论有用的理由。

间占　经济学家倾向于这样的结论，但是我认为用市场均衡理论来研究环境问题有更大的可能性。

森森 间占先生，可以说得更具体些吗?

间占 好的。在目前的社会，我们无法避免外部性。在18世纪，亚当·斯密还活着的时代，相较于人类活动的规模而言，地球就像是无限大一样，但是目前的地球已经充斥着过多的人口。

每一个大城市都有很多严重的环境和社会问题，这些我们可以由外部性的观点察觉，所以第一福利基本定理应当叙述地更明确些：若无外部性的问题存在，由市场均衡价格进行的配置，一定是帕累托最优。

森森 间占先生，你是指应该加上没有外部性这个假设吗?

间占 对！应该这样。然后，应该用一个更合适的名称来替代“福利经济学第一基本定理”。

新月 我们先不谈贬抑名称的事，我们来谈谈外部性。

间占 好呀！这是个好提议。教授，在标准的经济学教科书中，外部经济与外部不经济是和“市场失灵”一起讨论的，像“养蜂者和苹果园”、“洗衣店和面包店”等都是著名的例子，但是这些例子并没有很慎重地讨论环境的问题。①

森森 在“洗衣店和面包店”的例子中，面包店排放出的煤灰将洗衣店洗好准备晾干的衣服弄脏，这就是所谓的外部不经济。有一位教授在课堂上说市场在此情况下并不运作，这是“市场失灵”的一个例子，但是我不懂为什么这叫做“市场失灵”。

新月 不了解“市场失灵”很正常，因为这个概念牵涉许多问题。我们应该先明确界定“失灵”以及“市场”的意义。首先，我们应界定“市场”在这里的意思是指竞争市场，也就是完全竞争。其作为交易场所的功能在数学上可以以竞争均

---

① 请参见：Mas-Collel A，Whinston MD and Green JR（1995）*Microeconomic theory*，Chap. 11. Oxford University Press，New York。

衡来表示。这样的界定将会大量简化我们的讨论。那么，“洗衣店和面包店”的例子就是个双边谈判的问题，而不是一个市场问题。

森森 “市场失灵”是指竞争市场失灵吗?

新月 是的。最好将失灵区分为两种情况，我将它们写在黑板上：

（4）市场是进行交易的场所，它的功能可以以竞争均衡作概括，但是最终配置不一定是帕累托最优。

（5）市场并不以竞争均衡价格交易。

间占将帕累托最优与竞争均衡分开的理由与（4）有关：竞争均衡这个概念很合理，它的功能是促使竞争市场运作，但是并不保证达到帕累托最优。

森森 那（5）又如何?

新月 “洗衣店和面包店”的例子与（5）有关。这个案例说明谈判的现象可能发生，但并不是一个竞争的市场。从竞争市场的角度来说，这个市场只牵涉两个人，而且人们有权争取的干净空气在竞争市场中并没有定价。

间占 然而，经济学教科书会接下来说：一旦所有权的界定明确后，我们就应该将问题留给相关的人，让他们直接沟通协调，最终的结果将会达到帕累托最优，这就是所谓的科斯定理。[①]这个定理强调，纵使是局部的争议也能以类似于市场的方式得到解决。不过，您认为这不是市场的问题，对吗?

新月 没错！我们应该将谈判与市场经济这两类问题分开，谈判的问题也相当重要。

间占 我不这么认为。现在，许多环境问题已经不单单局限于小的区域，它往往散布在很广阔的地区。由于地区广阔会牵涉到许多人，在这么多人之间进行谈判，对问题的解决并

---

① 请参见：Glahe FR，Lee DR（1981）*Microeconomics*，Chap. 13. Harcourt Brace Javanovich Inc，London。

没什么帮助，科斯定理无法适用于像这样的事例。

新月 我赞同你的说法：我认为科斯定理的内涵并不是那么丰富。不过，纵使是地方性的环境问题，还是有许多值得讨论的案例，水俣水银污染①就是许多受害的小家庭对抗一个作为污染者的大型企业的案子。这是个地方性的问题，然而，仍然不可能有公平的谈判。相较于许多的小家庭，大型企业具有压倒性的优势：要将数量很多的小受害者组织起来非常困难，而大企业可以轻易地将受害的小家庭区隔开来以瘫痪他们的合作。顺便提一下，森森，你有没有听过托尔斯泰这个名字？

森森 托尔斯泰？当然！他是一个俄国革命者，是吗？

间占 （对着森森嘲笑）哈……不是！他是19世纪一个著名的俄国小说家。

森森 啊……你知道的，你博学多闻而我像个傻瓜。但是我从来

---

① 在1953—1960年间，一间化学工厂造成南日本九州岛熊本县水俣市的污染公害疾病，该疾病被称为水俣病。

没有在经济学教科书或是博弈理论的文章中见到有人提过文学作品，文学作品对学习经济学有用吗?

间占 不好意思，你说得没错！教授，您为什么要谈到托尔斯泰?

新月 我才应该觉得不好意思！我并没有要测试森森对文学作品的认识，也不想谈文学作品对学习经济学或社会科学是否有帮助，我只想引述托尔斯泰的一些话。托尔斯泰的作品《安娜·卡列尼娜》开场白说：

> 幸福的家庭或多或少相似，每一个不幸的家庭都有它特有的不幸。[①]

我将运用这个句子到大型企业和许多受害的小家庭的谈判问题。虽然水银污染是这些受害的小家庭产生不幸的理由，但是它却对不同的受害家庭造成不同形式的痛苦。将这些承受不同痛苦的受害家庭组织起来所能产生的力量，无法跟那些追求长久经营的大型企业相互抗衡。（摆了一个歌舞伎[②]的姿态）

> 希望结合那些知足的人已十分费力，但是要结合那些尚不知足的人却毫无可能。

与这群缺乏专门领导者或支持者的受害人谈判，大企业将会用最少的补偿金额获得受害者同意以掩盖污染问题。

森森 这是托尔斯泰定理的应用吗？哇……文学作品居然也对经

---

① Tolstoi L (1912, original 1873 - 1876) *Anna Karenina*. Translated by Townsend RS, Vol. 1. JM Dent & Sons LTD, New York.

② “歌舞伎”是“日本的一种（传统的）通俗戏剧。其特征是服装精炼、演出形式固定，且演员清一色为男性”。请参见：*Random House Webster's College Dictionary* (1990). Random House, New York。

济学有所帮助。

间占 这是个好故事，但是我现在想讨论和市场均衡理论有关的外部性的议题。

森森 好的！我了解什么是局部外部性了，但是我不知道什么是广布外部性（widespread externalities）。间占先生，你能解释一下吗？

间占 好的。众多的人在广大的地区内受到外部性的影响，但是每一个个体希望改变这个影响的能力都微不足道，这就是所谓的广布外部性。

大城市的空气污染问题是一个广布外部性的例子，每一个人的汽车所排放的废气和空气污染量相比可说是微不足道的。一旦污染严重时，每个人的健康都会出现问题，但是不会有人认为自己的汽车所排放的废气是空气污染的元凶。

森森 我知道了，广布外部性在大城市里也是个问题。

间占 广布外部性是和大城市有关，事实上，它不仅与大城市有关，它也和许多环境问题也有关。我在这儿要特别强调，广布外部性和完全竞争市场处理市场价格的方式有相似的结构。①

森森 你是指每一个个人与广布外部性的关系和每一个个体与完全竞争市场的市场价格的关系有相似之处，是吗？

间占 没错！广布外部性与市场经济有直接及间接上的关系。相较于局部外部性而言，广布外部性无法借由谈判来处理，因为太多人受到影响，而且每一个人的影响力又微不足道。

注意，当一个竞争市场出现广布外部性时，它或许仍保有作为交易场所的功能，在这个情况下，发生“市场失灵”的

---

① 关于广布外部性和完全竞争市场之间的关系，请参见：Hammond PJ，Kaneko M，Wooders MH（1989）Continuum economies with finite coalitions：core，equilibria and widespread externalities，*Journal of Economic Theory* 49：113－134；以及 Kaneko M，Wooders MH（1994）Widespread externalities and perfectly competitive markets：examples. In：Gilles R，Ruyes P（eds）*Imperfection and Behavior in Economic Organizations*，pp 71－87. Kluwer，Amsterdam。

类型就是黑板上（4）的那一种。比方说，大城市里空气污染十分严重，但是人们不会因此而改变他们的经济行为，也就是说，人们的实质效用下降，但是他们的经济行为并不因为空气的污染而有太大的改变。

森森 人们的经济行为不变而效用改变的情况可能发生吗?

间占 是的，有可能。一个人的经济行为是由他的序数偏好决定，而这个序数偏好又与这个人如何选择决定偏好的经济参数有关，而这个序数偏好或许与污染程度无关。总而言之，污染会降低效用水准。

新月 像这样的情况，不论有无广布外部性，最终配置可能不变。当没有外部性出现时，这样的最终配置是帕累托最优，但是当外部性出现时，同样的最终配置就可能非常不好，也就是说，这个市场经济下的结果与帕累托最优有很大的差距。

间占 确实，这是黑板上（4）这个意义下的“市场失灵”。

森森 但是我曾问过它是不是博弈理论的问题，为什么我们现在又回头谈市场均衡理论?

间占 因为人们在市场的经济活动会造成这样的社会困境，再说，市场通常也会扩大社会困境或广布外部性。

森森 喔，所谓“市场通常也会扩大社会困境或广布外部性”的意思是什么?

间占 我们可以用公地悲剧作为市场扩大广布外部性的例子。[①]想像这个情境：许多渔夫去某个特定的海域捕鱼，每一个渔夫所捕获的量与这个海域的渔货资源相比的比例很低，所以每一个渔夫捕获的量愈大，他的获利就愈大；但若所有的渔夫都采取这种行为，渔货资源将会很快地消耗殆尽。这是公地悲剧的基本架构，这里的广布外部性是指捕鱼海

---

① Hardin G (1968) The tragedy of the commons. *Science* 162：1243 – 1248.

域大到足以容纳每艘渔船，其他很多资源问题都有类似的情况。

森森 但是你没有提到市场会扩大广布外部性这件事。

间占 到目前为止，我只是对于公地悲剧提出一个标准的解释，现在，我将谈论市场的问题。假设渔货资源减少，渔货的市场价格将会受到什么影响，森森？

森森 供给减少将使得渔货价格提高。嗯……价格上升的幅度视市场需求函数的形状而定。

间占 市场价格的增加量主要是依照价格需求弹性决定。因为是食物市场，价格需求弹性一定很小。

森森 这是说，当渔货的价格增加，渔货的需求量不会下降很多。

间占 将你的说法作些对换会更好些。

森森 喔，当渔货供给下降，渔货在市场的价格将大幅增加以便供给和需求达到平衡，因为食物市场的价格弹性很小。这样对吗？

间占 是的，就是这样。刚开始时，由于有很多的渔货可供捕捞，所以价格低廉。经过长期过度的捕捞，渔货的来源逐渐地减少，促使渔货的价格大幅上升。所以纵使渔货资源减少，利润反而因价格大幅上升而增加，因此，渔夫们持续捕捞，最终将耗尽渔货资源。

森森 好了！我了解了借由市场而扩大的外部性。

那么，那些在《濒危野生动植物种国际贸易公约》中禁止进出口的动物也是好的例子，是吗？

间占 对的！纵使禁止猎杀或交易，这些动物在黑市的价格仍然很高，因此，有些人就会不法地捕猎这些动物使得它们变得更为稀有。于是，价格大幅攀高，这更加使得猎人持续不法地猎捕这些动物。最后，这些动物就会绝种。我们有很多这样的例子，在那些环境问题的背后，有人类的经济活动以及借由市场所造成的扩大效应。

到目前为止，仍然有很多学者持续有关市场均衡理论的研究，如对市场均衡的存在性、第一以及第二福利基本定理等进行数学的精炼化以及一般化。

森森　间占先生，你主张目前的环境问题应该使用市场均衡理论来处理，对吗？

间占　是的，我是这样想。为了掌握环境问题，我们必须确切地了解它的经济背景，我们需要市场均衡理论来掌握这一点。

森森　间占先生，我渐渐了解你的想法了。

间占　分析目前的环境问题，市场均衡理论应该扮演重要的角色。所以在没有广布外部性的情况之下，我们应该将第一福利基本定理贬抑成一个普通的定理。

新月　我完全赞同你的说法，环境问题正冲击着全球的市场经济，市场均衡理论应该用来分析这些问题。但是这个理论仅在数学的精炼化以及一般化上有所进展，环境问题正嘲笑着市场均衡理论。

森森　间占先生，现在我完全了解你的疑虑了。但是你真正的烦恼是什么呢？你的解释从头到尾都很一致，那么你为什么不从市场均衡理论来研究环境问题，就如你所希望的去做？

新月　这就是他的问题。使用市场均衡理论来研究环境问题，并不是目前经济研究的主流。他不能确定能否从这个研究中得到成果，纵使他相信这是一个对的方向，对他而言，这也是一个很大的挑战。

间占先生在博弈理论的研究已经有相当的成就，他应不应该冒着不能很快获得成果的风险去建立一个新的市场均衡理论，我认为这是他目前的烦恼。

间占　的确，我应该怎么做呢？

新月　我记得你曾经说过：

无论会产生什么后果，我想，追求真理，这是那些具有天赋及高贵心灵的人的职责，纵使有其他的选择，这仍是我们的决定。

森森 他确实是这么说过。但是，教授，我听说当您年轻时，人们对您寄以厚望，您是不是也像间占先生一样挑战重要的问题，现在仍然等待结果的到来？

间占 森森，不可以对教授无礼。

新月 （耸耸肩）就让他去说吧！有一天我一定会加倍奉还的，等着瞧！

经过这么长时间的讨论，我们休息片刻！稍后，我需要处理一些行政上的事务，我们四点以后再继续讨论。

第三场　完全竞争的知识面

新月　（慢慢地开始说着）既然间占说完了，现在该我了。

市场均衡理论的核心概念是"完全竞争"，这是个非常有趣的概念，因为尤其是由知识面和制度面的角度，它包含着一些似乎彼此对立的观点。不过，在谈论这些观点所带来的结果之前，我要先对我们即将讨论的事情的本质作些说明。

在1991年苏联解体后，"自由竞争"这个政治上的概念主宰了整个世界，它与"完全竞争"几乎可以相互替代。这个想法不但在美国盛行，而且风行全世界。比方说，在世界银行或国际货币基金组织担任顾问的经济学家有很多是从美国大学的经济研究生院毕业，他们的思想基础就是在研究生院学习到的"自由竞争"，自由竞争这个想法经由他们的工作而影响了全世界。

森森　很好啊！经济学有这么大的影响力。

新月　对于完全竞争，我们的认识可能过于简单。既然它有这样大的影响力，所以我们应当更加小心。一般而言，思考一个概念所适用的范围以及局限比较困难，而只从事某一个问题的某一个部分，尤其是遁入技术细节的研究工作比较容易。像完全竞争这样重要的概念，想要正确地了解它所适用的范围和局限则是非常困难的。从我教学中所得到的经验，学生几乎无法适当地掌握它。

森森　对呀！没错！若一个老师仅论及一个学科的局限，那么学生就不会有意愿学习。每一位老师都会说他教的是有用的学科。

新月　一般而言，谈及一个概念的局限，学生们通常没有兴趣。他们只是单纯地接受所学习到的观念、概念和思想，并将它们视为理所当然，而这也就形成他们的词汇。

事实上，这不单是学生的问题，也是我们的问题。词汇决定我们思想的范围，教育决定了词汇的丰富与否，我们的思维和想法往往在谬误下形成。此外，为了让自己感觉舒服，人们有修饰、更改他们所观察到的事物的倾向。[①]所以我们学习观念、概念和思想应当非常小心。

间占 这个认识很重要，我了解了！这对我们都适用。不过，这暗示着什么，尤其是美国研究生院的教育？因为我就是在美国完成研究生的学业，我很想知道。

新月 是的。我们必须特别小心，尤其是对于美国经济学教育的影响，当然，这是程度上的问题。

“个人主义”和“自由竞争”的信念在美国是主流，不论是教育还是研究，学生和老师都面临严厉的竞争。竞争有好的一面，也有坏的一面。它给人们压力，使得人们认真地工作以便能够迅速地获得研究结果，但是这样竞争的社会也往往使得人们有追求快速成功的倾向。

在这样的环境之下，虽然完全竞争这个概念的影响力遍及全球，我们也很难要求人们仔细地思考它。

间占 的确，在念研究生时，我们从不讨论完全竞争适用的范围和局限。但是若一个人仅思考这些也不可能写出一篇文章，嗯……“不可能写出一篇文章”这句话，或许就是我被这个竞争社会所影响的征兆。

新月 我也这样认为，你已经相当程度受到美国信念的污染。然而，在我所认识的研究工作者中，比起日本人来，你可以发觉美国有较多并不那么在乎发表而只追求好的学术结果的学者。我们还是回到原先的问题，也就是完全竞争的知识面和制度面。

如果经济理论学家只是花费很多精力去精炼或推广技术的细节而忽略对市场均衡理论概念的检验，这将导致整个理论的

---

① 请参见第二幕第四场。

发展不那么有意义。更糟糕的是，若对于完全竞争或自由竞争的认识过于简单，将影响现实的社会，甚至可能摧毁它。

因此，我们应当用更审慎的态度从概念上检视市场均衡理论以便了解隐藏在完全竞争背后的含义，或是由完全竞争所推演出的逻辑内涵。然后，我们才能利用这样的知识来设计社会以及经济制度，以防止对社会造成负面的影响。

森森 这听起来非常困难，但我觉得您又在导向某一个“逆转”了！

间占 教授，您正谈论着一个可能成为我们未来研究课题的重要问题，请不要再把主题弄乱了。

新月 好的，好的，我会注意的。

首先，我要指出我下列的论点并不是谈论市场均衡理论的现象。我考虑的是：假使我们企图设计一个完全竞争的社会，这个社会将会是什么样子？我的论点可能导向一个极端的社会，但是若我们盲目地依循完全竞争这个概念，真实的社会就有可能朝向这个方向发展。

我将由完全竞争的知识面开始，但怎么开始会具体些？

森森 教授，在您长篇大论之前，我想问一个问题。我们几天前讨论魔芋对话时，提到博弈理论的完美信息和完全信息这两个假设。[1]后来，我读了一篇关于完全竞争的文章，注意到完全竞争的一个知识面的问题。

新月 是什么呢？

森森 这篇文章除了“大量的个体”这个假设外，还要有完美信息这个假设。我不了解完美信息这个假设在这里的意义。

新月 喔……这是一个很好的观察，和我即将要讨论的议题有关，我们就从这里开始。我猜这篇文章并没有明确地指出“完美信息”这个名词。

森森 是的，它没有明确地指出这个假设。假如这里所指的“完

---

① 请参见第二幕第二场。

美信息”和博弈理论的完美信息的意义相同，那么每一个个体就能精确地观察到所有个体在每一期交易后的情形。

间占 这就是完美信息在树状图博弈或重复博弈的意义，对吗？[①]

森森 然而，大量的个体是完全竞争的重要假设，每一个个体都能观察到大量的个体的交易行为，这不是很奇怪吗？

新月 是的，这样的安排并不适当。这里，我要提到两个与博弈理论相关的结果，一个是无名氏定理，另一个是反无名氏定理。

你们都知道，无名氏定理是说参与者重复参与一个博弈且在允许完全观察的假设下，任何的结果都可由纳什均衡产生。[②]这个定理所描述的情况和某种防止个人偏离社会传统的陶片放逐制相似。这个结果的成立需要“每一个个体都能够精确地观察到所有个体的行为”这个假设，否则，这种陶片放逐制无法成功运作，但是这个假设只能适用于个体数目不多的博弈。所以就如森森所怀疑的，竞争市场完美信息这个假设与重复博弈理论里的参与者具有完全观察能力这个假设不同。

森森 我了解您所说的无名氏定理。那么，反无名氏定理是讨论大量个体的另外一种情况吗？那是不是说没有一个个体能精确地观察到其他个体的行为，对吗？

新月 对的。在“无法精确地观察”这个假设下，反无名氏定理产生与无名氏定理相反的结果，也就是说，每一个个体只能观察到所有个体信息的加总。在这个假设之下，任何一个个体的信息被忽视，这导致他的行为可以不受任何形式的束缚，所以每一个个体可以自由地行为。由技术上来说，我

---

① 从树形图博弈理论的术语上严格说来，这不是假设完美信息，而是假设完全观察（或完全监视）。

② 关于无名氏定理的细节，请参见：Osborne MJ，Rubinstein A（1994）*A course in game theory*，Chap. 8. The MIT Press，Cambridge。

们在这样的重复博弈中只能得到每一期的纳什均衡，这个现象与完全竞争经济相对应。[①]

森森 几天前，我记得您说过无名氏定理是个非常可怕的定理，是吗？[②]

新月 是的，我曾经这么说过。关于无限重复博弈的无名氏定理，每一个参与者需要在事前规划好策略，也就是规划好每一期的行动，因此，在概念上，无名氏定理存有需要认真处理的问题。然而，你也能从比较局限的角度来了解它：当人们可以观察到每一个人的行为时，对于一个偏离社会传统的个体，社会惯例是采取诸如排斥等处罚的方式来控制。在这里，社会传统相当于这个社会的历史，它可能以很多种形式出现，这是由正面的角度来解释无名氏定理。

我们应该以相似的方法来理解反无名氏定理。在大城市中，只有少部分的人可能观察到每一个人的行为。在这个情况之下，以处罚的方式来控制并不能有效地运作，这就是为什么每一个人在大城市中可以较为自由的原因，这也是反无名氏定理想表达的意义。并且，反无名氏定理有关信息的假设正好与完全竞争经济的信息假设相同。

森森 我对于无名氏定理以及反无名氏定理都不是很了解，我必须读些相关的资料，过段时间您能再解释一次吗？

新月 若包括概念上需要认真处理的那一部分的话，我很乐意再解释一次。

森森 好的，我知道，我将先阅读相关的资料。

关于完美信息这个假设，市场均衡理论和博弈理论并不一样，对吗？那么，我来将它和博弈理论的完全信息作比较。完全信息是指每一个个体知道在这个经济体中所有个体

---

① 关于反无名氏定理的细节，请参见：Kaneko M (1982) Some remarks on the folk theorem in game theory. *Mathematical Social Sciences* 3：281 – 290。

② 请参见第一幕第四场。

的效用函数以及所有厂商的生产函数。但是等一下，若是考虑一个有大量个体的经济体，这个假设和真实就有很大的差距，甚至比博弈理论的完美信息和真实的差距更大。

新月 虽然这确实不适当，还是有些研究者用这种态度了解完全竞争。在早上的讨论结束前，我指出在静态理论中的经济活动并不是只运作一次，而是在静态的状况下重复地运作。

假设经济体只运作一次，而且每一个个体的经济计划像是计算过这个经济体的市场均衡后的结果，在这样的情况下，为了将他的消费或生产计划作为经济体的均衡的一部分，我们就必须假设每一个个体了解整个经济体的结构。

森森 为了制定消费或生产计划，每一个个体都得先计算这个经济体的市场均衡吗？有这样没效率的做法吗？

新月 当然，这个想法源自于对市场均衡理论刻板的认知，那些用这种方式理解的经济学家，他们并不理解将市场均衡理论以数学方式描述所需要的抽象化过程。我们不需要认真看待这种想法，不过，有些教科书解释理性预期理论的方式，就是这个刻板想法的延伸。

森森 所以，完全竞争下的完美信息这个假设究竟指的是什么？

新月 事实上，我在很久之前就思考过市场均衡理论的这个假设。最后，我发现它只是说明每一个个体知道市场的价格及货品的品质，[①]这样就足以使每一个个体在市场价格下，使他的效用或利润最优化。

森森 仅仅这样吗？知道市场价格和货品的品质并不是重要的假设，尤其是当经济体重复几次后，我们就能掌握一些消息。或许，这个假设并不需要。我错了吗？

新月 嗯！你多多少少是对的。若经济体重复运作，大体上就有完美

---

① 请参见：Hayek FA (1964). The meaning of competition. In：*Individualism and economic order*，Chap. 5. Routledge & Kegan Paul LTD，London。

信息这一个假设，我们不需要再说这是完全竞争的必要条件。

森森 教授，您是指完美信息不是个有用的假设吗?

新月 是的，就是这个意思。

森森 这样说来，我认为完美信息这个假设怪怪的并没有错啰。

新月 事实上，我想说明完全竞争所需要的这个假设和博弈理论的完美信息假设是对立的。完全竞争有一个关于信息的假设，它是说个体的行为无法借由信息影响整个经济体，换言之，每一个个体的行为对整个经济体而言是微不足道的，这就叫信息匿名假设。

间占 我来扼要地重述一下重点。若有许多个体观察到某一个个体的行为，则这一个个体最终可能影响更多个体，他甚至有可能影响到市场价格。举例来说，一位非常有名的人可借由新闻报导而改变社会，这与完全竞争的假设相矛盾。

相反，若只有少数人能观察到某一个人的行为，则这个人不可能影响整个社会。这样一来，这个人就不会受到社会的束缚，他可以自由地行事，他不只受到法律上的保护，而且享有实质自由的保障。教授，这就是为什么您要将完全竞争经济比拟为大城市的原因吗?

新月 的确，在完全竞争之下，从信息的角度而言，每一个个体都是匿名的。没有太多人注意到他，他所遇到的人也只是整个经济体中可以忽略的一部分，他有不被其他人监视的自由，或从负面的角度来说，他与社会疏离。

森森 喔，每件事都有正反两面。

新月 森森，在真实的世界中，你试着举出一个不享有信息匿名的人吗?

森森 不享有信息匿名，这一定是一个非常有名的人，只有这样的人才会广受注目。例如，美国职棒大联盟的球员铃木一朗或是小说家摩尔（Michael Moore）?

新月 我想到的是职业摔角手霍肯（Hulk Hogan）或篮球球星迈克

尔·乔丹，铃木一朗或摩尔似乎只是名流。

事实上，名人的存在与完全竞争相互矛盾。从信息的角度而言，我们说过每一个个体对整个经济体而言是匿名的，这是完全竞争的一个条件。再说，完全竞争的经济体也不允许富人的存在，富人的存在可能否定信息匿名假设，而且他们可能愈来愈富，最终，他们有直接控制价格的可能。由于已经有很多关于富人的研究，因此，我不想再进一步讨论这个问题。

森森 可以请您给出结论吗?

新月 事实上，除了“大量的个体”假设外，我想要强调完全竞争需要再加上“每一个个体有很多的竞争者”这个假设。或许有人认为这个新增加的部分几乎包含在“大量的个体”假设中，但是从逻辑上说来，它是个独立的假设。

森森 （有些不悦及不耐烦）对我来说，它听起来和“大量的个体”假设是一样的。您什么时候才告诉我们您的想法?

新月 好的！好的！我的结论很简单，完全竞争并不见容于我们的传统文化，而且否定了我们许多传统的价值。

例如，想想艺术，艺术依赖个人完成，而且非常地个人化。杰出的艺术工作更是个人化，它的稀有性也是价值所在，例如莫扎特或巴赫作为作曲家，塞尚或梵高作为画家。在学术界，也是一样的道理，那些真正有价值的工作都是由少数人完成的。

森森 在文学界，托尔斯泰或是摩尔也是吗?

新月 没错!

请回想完全竞争的信息匿名假设，这个假设并不允许那些具有杰出原创力的优秀人才的存在。在自由竞争的机制下，我们虽然认为个人的独特性或原创性非常有价值，但这仅需要一群十分努力于竞争的人就足以替代了。换言之，这就是“每一个个体有很多竞争者”这个假设的意义，因此，真正具有原创性的艺术或杰出的学术成就在完全竞争下是不被允许的。

就像我所说的，完全竞争并不见容于我们的传统文化，因为社会传统束缚了个人的实质自由。因此，传统的美德，像友谊、真诚、信任、勤勉等，在完全竞争的机制下是不受尊重的。

间占　除了每个人的经济行为自主权应该受到法律的保护外，我们需要再加上免于社会传统的束缚这一条，这样才是真正自由的社会。另一方面，杰出且具原创性的艺术工作或学术工作在这样的社会并不被允许，对吗？然而，若能够保证社会平等和效率，我们付出的只是很小的代价，不是吗？

新月　间占，那么你告诉我，在一个没有好的艺术或学术而且也不尊重传统美德的社会，个人在这样的社会能有什么价值？

间占　嗯……在这样的社会里，个人的价值是什么？个人的价值将源自于生物遗传因子，例如基因。这会不会让我们只追求生存或繁衍后代等物质上的满足？

新月　确实，在这样的社会只有物质上的满足能主宰一切。但是对于这样的社会，我也有一些正面的看法。消费者的效用完全是生理的并不包含文化因素，这样一来，当我们需要回答“效用是什么”这个头痛的问题时，我们只要回答“生理的满足”就解决这个问题了，哈哈！

间占 这样就没意思了！经济学不再是人文社会科学，而是类似于蜻蜓交媾行为的演化生物学。

森森 这听起来非常糟糕！我研究经济学的动力渐渐地不见了。

新月 你不需要如此沮丧。我们在这里只是探索，在完全竞争的基本假设下，经过逻辑的推导后，会发生的结果。

除非你把完全竞争看做是社会问题最高的遵循原则，我认为完全竞争作为一个制度或是学术概念都非常有用。因此，你不应该把完全竞争当成一般理论中的一个概念，而是该把它当成是一项个别的理论。

森森 真的吗？教授，我还是有些怀疑。

新月 差不多该去市场了！我身上有一点钱，还是可以买些东西。明天早上我们再讨论完全竞争的社会面和制度面。我和间占明天早上都有课，所以明天十点半开始如何？

间占 我没问题。好了，我要准备明天的课了。

森森 明天我没有什么特别的事，但是我觉得有些沮丧。

第四场　完全竞争的制度面

新月和间占课堂结束后回到办公室

森森　早安。你们的课上得如何？

间占　和平常一样。教授，您呢？

新月　早安。我的课吗？我的教学没有达到预定的进度，我若是没有将微积分教到指定的章节，会引起其他教授的抱怨，我不应该偏离主题太多。

森森　您今天在课堂上谈些什么？

新月　我正在用 $\varepsilon-\delta$ 的方式定义连续函数。我问学生们是否理解，有些学生回答说他们一点都不懂，而且要求我用直观的方式解释，所以我就思考怎么用直观来说。接着，我就想到经济学家从不把直观当做稀缺物品来处理，因为经济学家总是用直观作为评断事情的基础。你们不这样认为吗？

间占　教授，难道您现在也想偏离主题？我们应该继续昨天的讨论。

新月　对呀！我们今天要讨论什么问题呢？

森森　嗯……教授，昨天我们得到一个不可思议的结论，您忘记了吗？我来帮您记起这个问题。

昨天，我们一开始讨论市场均衡理论，间占先生扮演反对这个理论的角色，我们也讨论了广布外部性的经济体。教授，您扮演赞成者，其实根据间占先生所说，您差不多也是个反对者。总之，在我们讨论完间占先生所提出的问题后，您开始谈论完全竞争的知识面。您几乎以完全竞争会引导我们走向一个动物的社会作为结论。我们今天预计要讨论制度面。

新月　我知道了！今天我们应该思考制度面。但我的心思仍然围绕在什么是直观这个概念的意义上，我还没有进行讨论的准备。间占，你能提示一些关键词来提醒我相关的重点吗?

间占 昨天，当我们说明福利经济学的第一基本定理时出现了“私有权”这个专有名词，这或许就是完全竞争制度面的关键词。

新月 （慢慢地以 rap 的节奏说着）我知道，我确定，就是私有权，
我不知道，我不确定，什么是私有权?
我知道，我确定，我的头脑有些失灵，
我不知道，我不确定，这是思维失灵还是某一种失灵?
来点变化，这是编造的失灵还是市场失灵，
啊哈！啊哈！我们昨天讨论过了，对吗?
市场故障或是编造的故障，不是吗?
间占提示私有权这个关键词，对吗?
私有权不适当地运作，
好了！好了！我的头脑终于可以操作。
再给我多些暖身，再多些，
告诉我些私有权，多说些。
有人侵犯所有权，确定，
怎么运作私有权，适当?
我知道，我确定，警察应该保护它，不应该吗?
啊！啊！这是警察的责任，不是吗?
我们昨天没谈到警察，是吗?
（以正常的说话方式继续）我知道我们讨论过什么内容了！不知道什么理由，一开始我的直观不能运作，需要借助些文字游戏来热身使我的大脑正常运作。所以我们的直观真是个稀缺物品，这就是为什么我会在课堂上讨论它。

间占 在他开始讨论直观之前，我们先讨论私有权。
（也用类似 rap 的节奏说着）为了让私有权受到重视，我们需要司法的力量，对吗?
所以，我们需要警方来执行相关法律，不是吗?

森森 嗯……这个节奏听起来不怎么样。

间占　没错，我不应该模仿这种庸俗的行为。

新月　总之，我们还是回归正题。警察提供一种公益服务，我们终于来到讨论的重点了。

森森　您已经说到重点了吗？这比平常有效率多了，那我以后应该请您都用 rap 的形式讨论。教授，那么您的论点是什么呢？

新月　为了实践完全竞争经济，警方需要提供服务来保护私有权，警方勤务是政府提供众多公益服务的一种。在所有公益服务的背后，都有执行服务的人，就是所谓的政府公务员，他们的薪俸是怎么来的？

森森　当然，政府的公务员需要薪俸。

间占　森森，新月教授问的是公务员薪俸的来源。

新月　没错！财政的来源是政府对人们以课税的形式征收来的，所以政府能提供服务以保护私有权，但在同时，政府对人们课税则是侵犯到私有权。换句话说，课税违反了私有权，但它的目的却是保护私有权。没有了税收，警察的公权力无法维持，那我们将活在一个没有法律的社会。因此，不论课税与否，都违反了私有权。

间占　嗯……这是私有权的悖论。然而，我们讨论的是完全竞争。为了完全竞争，我们需要保障私有权，但课税却违反私有权，所以完全竞争经济已经包含矛盾的因素在内。

森森　但是假设警察征收只用来保护私有权的税款，这会产生很严重的问题吗？

新月　我认为会产生很严重的问题。首先，警察是由人组成，他们会考虑他们的身份及功过，因此，警察在社会中也会扮演一个活跃的角色。在这里，我们应当将包括警察及税务单位的政府视为一个完全竞争的经济体。

警察的存在可能导致否定我们昨天讨论过的信息匿名假设。为了正确地课税，税务单位应该确实知道每个人的所得，因此，警察或税务单位需要了解每个人的经济行为。因此，信息匿名假设无法执行，那么完全竞争就不会成立。

间占 我们昨天说，从信息的角度来说，每一个个体对整个经济体的影响不论直接、间接都微不足道。当然，若是警察机关或是税务机关拥有一个办公室用来收集所有人经济行为的信息，这也违反了信息匿名假设。

然而，纵使有警察及税务单位的存在，若是只有少数人可以监视到每一个经济个体，信息匿名假设仍然成立，对吗？

新月 嗯……但是我们需要的假设是每一个人都被另外的人监视。若我们认真探讨“每一个人都被几个少数的人监视”的可能后果，我们将会到达一个非常恐怖的社会。

想像下面的事情：几个人监视每一个人的经济行为，而这些监视者又被其他一些人监视。为了防止串通逃漏税，我们必须假设被监视的人并不知道谁正在监视他们。如同先前所述，警察也不能操控这个拥有所有人经济行为信息的办公室。

我们描述了一个监视者及被监视者的信息网络，这个信息网络覆盖着整个社会而且没有一个能够接收所有信息的个体。这样一来，每个人确实地支付税金：若有人逃漏税，他背后的监视者就会向警察告发。

森森 每一个人无时无刻地都被另外的人在背地里监视着，这真是可怕，我不想活在这样的社会。

新月 现在，我们来回想昨天的结论。那些在艺术或学术方面有着杰出表现的人无法见容于一个完全竞争的经济体，而社会传统和文化特征也要禁止之，因为它们可能限制了个人的经济自由。在很大程度上，这种社会中的人们如同某一种动物，他们或多或少都有些相似之处。

由这两天的结论所描述的社会，我觉得和乔治·奥威尔在《1984》[①]这本书所描述的社会有点相似。老大哥监视着每

---

① Orwell G (1949) *1984*. New American Library, New York.

一个人，但没有人知道谁隐藏在老大哥身后。《1984》这本书也谈及为了达到思想控制，借由删除有批判性和文化内涵的文字以根除批判性和文化的概念。对于一个仅需要物质维系的社会，这些概念是不需要的，删除这些具有批判性和文化内涵的文字后，没有人会对所生活的社会体系存有疑虑，这是实践完全竞争经济的方法。

间占　它听起来像是个被极端控制的社会，人们为物质的效用自由竞争。同时，其他像传统、文化、艺术、学术等社会层面，几乎都被禁止，我们可以叫这个为人类的社会吗？

新月　是的，我们可以。若这个社会的成员都是人类，由定义说来，这就是人类的社会，哈哈！

间占　对啊！这也没错，但……

新月　再说，你们知道每一个人在这样的社会如何生活吗？

森森　（轻轻地转了下头）嗯……首先，每一个人都很孤独，他只有几个朋友，甚至于这些朋友可能就是他的竞争者。

新月　就像大城市里的人一样，他们也很孤独。

间占　根据您的解释，教授，文化、艺术和学术都被牺牲，因此，这很自然地是个缺少文化的社会，经济活动衰退，社会也会物质匮乏。

森森　同时，孤独和贫困，这真是个悲惨的社会。

新月　由于人们被欲望所驱使去繁衍后代，人口将稳定地增长，我们昨天讨论的环境问题将更加恶化。至于环保运动的领导人，相似于富人及名人，也不见容于这个社会，像“领导人”或“环境问题”这种词汇或许早已去除。在这样的情况下，人类的平均寿命一定很短。

这样！森森，可以请你简单地描述生活在这个社会的状况吗？

森森　生活在这样的社会一定是孤独、贫困、悲惨，平均寿命很短，这会是一个很恐怖的社会。

新月 谢谢你的总结。经过仔细地检验完全竞争这个概念，我们得到这样的逻辑结果：在这样的社会，人类的生活孤独、贫困、悲惨和短暂。

间占 （看来有些惊讶）我好像在哪里听过这样的事情。

新月 它像是霍布斯在《利维坦》中描述的自然状态中的著名诗句：

> 在这样的情况下，没有对土地的开辟；……没有文化；……没有艺术；
>
> 没有文学；……人类的生活孤独、贫困、龌龊、粗野和短暂。①

间占 呼……我相信在《利维坦》中描述的自然状态是一个完全没有法治的社会，它是不是和完全竞争所导向的社会相同呢？这听起来像是个不自然、人为的结论。

新月 难道这个结论不是跟往常一样，是在你们两个帮助之下完成的吗？

间占 还是有些奇怪。我想，我们这一次需要更仔细地检视。

森森 我也有同样的感觉，问题是什么？嗯……我认为您好像经由一堆的逻辑论证模糊了我们的看法。

间占 喔……我知道了。讨论的内容不是问题，但您的说法很奇怪。您甚至引导我们到《利维坦》的自然状态，您很小心地操控用字，强力地引导我们的对话到自然状态。

有时，我认为您只希望我们全神贯注于您的论述，利用一大堆不能让我们真正信服的逻辑推演，模糊我们的看法，使我们沉默。在前面的案例，您引导我们得到一个奇怪的结论，我们只是觉得您好像又再次建构出一堆奇怪的逻辑

---

① Hobbes T (original 1651) Leviathan, p. 253. In: Woodbridge FJE (1930) *Hobbes Selection.* Charles Scribner's Sons, New York.

论述。您是真心地想要说服我们吗?

新月　解释我的论述而且尝试说服你们，当然是我真正的目的。作为一个无神论者，我不能像苏格拉底那样，对宙斯发誓。但是我也应该承认，有时引导你们得出奇怪的结论是我的恶作剧。

间占　还有一些其他的事，趁这个机会一起抱怨。您总是用您喜欢的方式建构您的逻辑论述，我们同意您每一步的推演。在我们还不清楚整个逻辑推演是否正确时，我们就被引导到一个奇怪的结论。

森森　这个行为就像是为了个人的好处，找些借口合理化某些事。教授，这不是您喜欢的。

（模仿新月说话的口气）所以你不应该促使自己遽下结论，而是应该仔细检视每一步细节，然后，小心地综观整个事物。

新月　啊哈！这一点，我真服了你！但你们真的认为我急于达到结论吗？我会很认真地考虑你们的抱怨。

间占 我想要再谈谈您刚刚得到的结论。教授，您真的认为目前的世界正往这个方向移动吗？

新月 我不认为需要如此地悲观，因为目前的世界有太多事情并不是按照完全竞争的方式进行。

例如，一些大型企业很聪明地借着与政府合作主宰了市场或试图操控整个经济体。信息匿名因为信息科技的突飞猛进而变得不可能，政府或大企业开始监视人们，最终人造卫星将能监看全部的人。隐私权将是个没用的概念，这个词本身有可能从我们的语言中消失。此外，那些富有的人或成功的人将变得愈来愈富有。

这些因素都将妨碍完全竞争的实现，因此，我们并不需要那么担心。

森森 这种情况与完全竞争经济的经济体一样的糟糕，不论是哪一种情形，这都会是一个恐怖的世界，没人可以解救我们。

间占 嗯……我们应该怎么办？我想问问昨天我们讨论的市场均衡理论的可能性。

新月 请说！

间占 算了，您不是认为市均衡理论没什么用吗？

新月 不，一点都不，我的结论刚好相反，我认为没有其他的理论可以比拟市场均衡理论。然而，你不应该把它视为整个社会的一个理论，而应该是解释某种经济现象的理论，它比较像是个特殊的或部分的理论。

因此，我完全同意你昨天说的，间占，将广布外部性纳入市场均衡理论，然后研究它与经济活动和市场经济的关联性。

若把市场均衡理论视为一个涵盖整体社会的一个理论，它会导致什么现象？我们今天的讨论说明它可能导致一个非常恐怖的社会。从现在开始，我们应该放弃用一个理论就想解释所有事情的那种过于单纯的想法，而应该是针对特定经济现象建构理论。

间占　我以为我们有了一个负面的结论，但是您赞同我的想法。

关于针对特定经济现象建构理论而不是建构一般性的理论这个想法，若所建构的理论有相当广的适用范围我会非常高兴。

森森　我也同意，我现在了解甚至连文学作品对经济学的学习都有帮助。

但是，教授，在听完您的论述后，我有一个问题。我们如何界定市场均衡理论的适用范围呢？也许，我们需要一个一般性的理论来说明市场均衡理论适用于解释哪一种经济现象，而对哪一种经济现象不适用。

新月　啊哈！这是“特殊化与一般化的逆转”的第二个现象。我们应该怎么做呢？

我们这两天的讨论相当长了，我累了。我们是否该出去找点好吃的东西呢？

旁白　总而言之，不论达到完全竞争与否，我们的未来将都是孤独及不幸的。我们能做些什么呢？也许，作家卡莱尔没错，他称经济学为“沉闷的科学”。[1]附带一提，我起初以为市场经济会像哥斯拉那样疯狂，结果却像是霍布斯书中那个骇人听闻的怪物。我自豪我的直觉不是那么差，但我们是需要一个一般性的理论，还是应该放弃这个想法？我完全迷惑了。

---

① “沉闷的科学”一词最早是由托马斯·卡莱尔提出，其背景是针对奴隶解放的经济理由，而与马尔萨斯的人口理论无关。请参见：Dixon R，“The origin of the term “dismal science” to describe economics”，http://www.economics.unimelb.edu.au/SITE/research/workingpapers/wp97_99/715.pdf。

插曲一　乌云笼罩着经济学及博弈理论

旁白　森森正在研究生院附近的自助餐厅喝着咖啡，间占在餐厅外一脸抑郁、行色匆忙地走着。森森喊住间占，并且问他发生了什么事。我不知道这个场景和这个插曲的标题有什么关联，难道舞台上将要下雨了吗？我们来听间占到底在想些什么。

森森　嗨！嗨！间占先生，请等一下。你看起来心情不好，没什么事吧？

间占　喔……森森，我对我们研究生院的 K 很不高兴。几天前，我参加了日本经济学会的会议，K 在会议的一个专题小组给了一些很糟糕的评论。我这里有他的讲稿，你看过了吗？

森森　没有，我没看过。但是我听说 K 教授说了产业废物这种令人不快的名词。

间占　嗯，没错。他确实提到产业废物，我认为他的评论很不好，你应该看看他的讲稿。

间占离开后，森森面向观众

森森　间占先生为什么会生气地说出“很糟糕”这样的话呢？我还是来看看这讲稿到底写些什么。

森森开始阅读讲稿

乌云笼罩着经济学及博弈理论

一般认为，有关博弈理论和市场均衡理论最近的发展相当不同。市场均衡理论从一开始就以完全竞争这个概念为基础，对于所探讨的问题的了解范围相当局限，它被认为是一个视野狭窄、比较僵化的领域。同时，与这个理论相关的研究工作只专注在数学的一般化及精炼化，所以也备受批评。相反，博弈理论被认为对于许多不同的社会—经济问题的研究有所助益，而且博弈理论确实对于经济学、政治学、电脑科学、管理科学、社会学甚至于生物学等许多领域的研究有所助益。目前，人们期盼博弈理论能同时在理论和应用方面都有更进一步的发展。

但是若我们仔细地检视博弈理论和市场均衡理论，我们会发现这两个理论在数理结构上只有些许不同。其中有一个比较显著的差异，那就是博弈理论对于一个结构可能有许多不同的诠释，而市场均衡理论不会有这样的状况发生。其实，博弈理论拥有的自由度往往导致魔芋对话的现象。

市场均衡理论被认为陷入危机，已经有很长的一段时间了。我最近认为博弈理论也陷入危机，虽然是以不同的形式出现。博弈理论是如何陷入危机呢？因为对于一个概念，有大量的作品以不同的方式重复诠释它，这些累积得像山一样高的文章，很快地会风化成产业废物，这些产业废物遮蔽了研究者的视野，阻碍他们见到新的研究方向。许多研究者不再去思考如何超越这成堆的文献，在他们的词汇中，或许已经没有“超越”这样的概念。

我的主张如下：市场均衡理论是个成功的理论，但是它已经达到阶段性的成就，目前暂时失去活力；相反，博弈理论在还未达到阶段性成就时，就面临严重的危机。当有人想谈论博弈理论和市场均衡理论的未来时，我们应该回到这些理论的源头。这些理论的创始者在草创之初，一定经过很多尝试错误的过程，他们可能也比当时众多探讨相同问题的研究者有着更宽阔的视野和见识。因此，回溯源头将可以帮助我们探索新的可能性。在这个报告中，我将介绍博弈理论的源起以及思索这个理论未来应当的走向。

我必须在规定的短暂时间之内完成这个稿子，所以我的表达或许不够细致，我的论证也可能不够圆满。

1. 虽然博弈理论是以社会—经济现象为研究的目标，博弈理论的起源并不是社会科学而是数学。这个起源甚至可以归结到20世纪初，罗素发现康托集合论的悖论而引起第三次数学危机的那个时间；物理学约在同一时间也产生危机。这些危机不仅与思考过程有关，也同时与各自的历史发展有着密切的关系。许多重要的学者参与处理这些危机，他们不仅重新思考已经存在的想法，也从最根本处重新思考人类的推理过程。

2. 为了战胜第三次数学危机，[1]有三个数学的学派创立起来：

(a) 希尔伯特（Hilbert）形式学派或公理学派，

(b) 布劳威尔（Brouwer）直观主义学派，

(c) 罗素—怀特海（Russell-Whitehead）逻辑主义学派。

在20世纪10、20年代，这些学派对数学的基础有过长时间、严厉和尖锐的争论。

3. 20世纪20年代的后半段，年轻的冯·诺依曼是希尔伯特形式学派的一个重要的代表。大约在那段时间，这个学派希望以希尔伯特的证明理论证明数学系统可以免于矛盾，当时，这个方法被认为可以拯救正陷入第三次数学危机的数学领域。

---

① 第一次数学危机发生在古希腊时代，指的是无理数的发现。第二次数学危机发生在18世纪末，当时由于无法对极限给出精确的定义，导致许多悖论的产生。

4. 希尔伯特的证明理论原是用来探究数学的基础，最终变成是一个数学活动（推理）而不是一个具有数学内涵的理论。换言之，它是一个研究“理想数学家”的数学行为的数学理论。冯·诺依曼受到这个启发而创造了博弈理论，这是一个以数学的方式了解社会上人类行为的理论。

5. 从一开始，冯·诺依曼就借用了许多在数学基础争论时所发展出的结果来建立博弈理论。在 1932 年（发表于 1937 年），冯·诺依曼重新证明了他的最小最大定理以及使用布劳威尔不动点定理证明市场均衡的存在。布劳威尔是直观主义学派的倡导者，在数学基础争论的时间，他是希尔伯特的敌人。

6. 在 1944 年，冯·诺依曼和摩根斯顿共同发表了他们伟大的作品：《博弈论与经济行为》。

7. 由于第三次数学危机和物理学的危机，使得科学家必须从根本处重新检视那些已存在的、不论是科学的或理论的想法，这引发许多新的思潮。20 世纪有很多伟大的理论及科技就是拜这次危机所赐而产生，这些成果有部分仍然成功地继续留存，也有许多已被遗忘。

8. 博弈理论是第三次数学危机之后所诞生的许多理论之一。而计算理论，就是目前计算机的理论基础，也源自于这次危机，冯·诺依曼对计算机科学的创始，贡献良多。以计算理论为基础，在他的最后作品《自复制自动机理论》①中，他展现出对于生物学、神经科学以及社会学深刻的见解。然而，到目前为止，这些见解几乎仍然和博弈理论无关。

9. 冯·诺依曼同意将概率运用在博弈理论上，这使他能够证明最小最大定理。然而，对于概率这个概念的看法，如同以往一样，仍然含混不清。

---

① Von Neumann J (1966) *Theory of self-reproducing automata*. Edited and completed by Burks AW. University of Illinois Press, Urbana.

10. 米塞斯（Ludwig von Mises）的概率频率理论是为了分析概率这个概念，这个理论被科尔莫格洛夫（Kolmogorov）以测度理论为基础的概率理论所压制，因为科尔莫格洛夫的理论在操作上远较米塞斯的理论更为便利，从而使得米塞斯的概率理论不复盛行。然而，科尔莫格洛夫的理论忽略了概率在概念和基础方面的问题，所以已过逝的科尔莫格洛夫在20世纪60年代经由计算理论的观点重新思考概率频率理论。[①]

11. 在海萨尼和奥曼之后的博弈理论，学者们倾向使用主观概率，这是一个以“我”为中心的概率想法。他们并没有将思想与品味分开，主观概率主张建立公设化的基础，但这只不过是把偏好关系建立在个人品味上，然后将主观概率以及效用这些概念以另外一种形式表示罢了。

12. 作为研究数学推理理论的数理逻辑，在哥德尔（K. Godel）于1931年提出不完全定理后达到最高点，他的定理意味着希尔伯特希望证明数学系统能免于矛盾的努力失败了。在1930年，冯·诺依曼在柯尼斯堡的会议[②]上听到哥德尔关于不完全定理这个结果的演讲后，立刻离开证明理论这个研究领域。

此后，自20世纪30年代中期开始，数理逻辑开始真正地发展。

13. 博弈理论和那些源自于第三次数学危机所产生的想法，并没有太多的互动。以树状图博弈处理信息和行为在当时的互动是一个新的尝试。然而，目前的博弈理论与古典经济学并没有太多的不同，即使在对于信息的处理上，博弈理论仍然使用古典集合论而不使用数理逻辑的结果。

---

① 请参见：Weatherford R（1982）*Philosophical foundations of probability theory*，Chap. IV. Routledge & Kegan Paul，London。

② 请参见：*Die Naturwissenschaften* 18（November 1930）：pp. 957－1083。

人类推理的问题是人类行为的基础，这一点几乎被忽略。目前博弈理论的主流与冯·诺依曼希望能与希尔伯特的证明理论竞争的潜藏意图完全不同。

14. 目前博弈理论的视野仍然停留在冯·诺依曼的时代，早期从事博弈理论研究的学者人数还很少时，对当时的博弈理论学者而言，这样的视野或已足够。然而，随着博弈理论学者人数的增加，这样的视野已狭窄到拥挤的程度。很多人为了小小的边际贡献而竞争，每个人只关心自己的学术成就，而不在乎这个世界迫切需要处理的事。为了合理化这种短视的行为，出版或解聘（Publish or Perish）这样的借口被重复地使用，这与某些不顾地球上面临着许多像是全球暖化、环境破坏等很严重的问题，而只关心他们眼前的利益的经济学家或政客完全相同。

我们应该怎么做才能克服这次危机呢？首先，让我们停止在已有的研究成果上做重新诠释、组合的文章，这样的做法只会增加一堆产业废物。再来，必须认清我们已陷入危机这个事实，我们从第三次数学危机领悟到应该从非常根本之处重新思考已存在的问题、概念、理论和思想，这就是克服博弈理论目前陷入困境的方法。

我希望聪颖的年轻人不要被那些肤浅的问题所吸引，而是要能果敢地直接面对这些基本的问题。

森森 什么？这根本就不是针对产业废物而是与博弈理论有关的老话题，K教授称那些不重要的文章是产业废物吗？为什么间占先生如此心烦呢？嗯……或许因为他认为自己的工作被归类为产业废物，一定是这样，哈哈！但是……若他的工作被归类为产业废物，那我的一定也是啰！若真是这样，我也会很生气，因为我是这么地用功。

插曲二　面临危机的博弈理论

旁白　有两位学者将要在这个插曲出现：在 Ts 大学客座六个月的翰莫和远道来参加“认知逻辑与博弈理论”国际研讨会的大榄，他们将和新月一起讨论博弈理论所面临的危机。这似乎是延续先前的插曲，我对于 K 的评论并不了解，但是我仍然相信博弈理论在持续地发展。现在，我们来听听各方学者的意见，或许，他们有不同的观点。专心聆听他们的讨论吧，看看目前的博弈理论是否真的陷入危机之中。

翰莫、大榄及新月在学校附近的墨西哥餐厅点餐，正吃着由吧台拿的沙拉及玉米片

翰莫 嘿！新月，我听说这个研究生院的K在某一个会议说了“现在的博弈理论是个产业废物的掩埋场”这些极糟糕的话，你知道他的意思是什么吗？

大槻 什么！产业废物的掩埋场？他要不真有勇气，要不就是疯了。

新月 这是在日本经济学会十月的会议上，在一个关于微观经济学和博弈理论的专题小组讨论时K所说的话，我相信他是说“一堆产业废物”而不是“产业废物的掩埋场”。

翰莫 不论哪一种说法，都很糟糕。但是我想知道K真正的意图。

新月 我出席了那个小组的讨论，也读了他的讲稿。我想，我知道K想要传达的想法，然而，参与那个小组讨论的部分听众很生气，因为他们认为K是指他们的研究结果是产业废物。那个小组的讨论在充满着敌意的情况下结束。

大槻 有时“敌意”也会使得讨论更有收获，不是吗？

翰莫 我同意你的说法，但是我不会对“敌意”这两个字特别有兴趣，因为它只是一种情绪，我倒是对产生“敌意”的原因有些好奇。换句话说，K不直接批评目前的博弈理论，而是使用产业废物这个隐喻的理由是什么呢？

新月 没错！“敌意”这种说法，的确过于情绪化而且不是那么有趣。说到产业废物，我倒不觉得它含有什么特别深奥的意思，博弈理论近几年非常风行，但K认为它并没有什么重要的进展，很多文章几乎都是根据同一个概念重复地炒作罢了。

翰莫 我同意K的说法，博弈理论近来是没有什么实质的进展。但“产业废物”这个比喻还是太过分了，不是吗？

新月 他的批评还有另一层意思，我可以将它说清楚吗？

翰莫 是吗？请说！

新月 首先，我必须声明这是K的评论，不是我的。

翰莫 我知道。请继续！

新月 好的。K称某些文章为“产业废物”是因为这些文章的作者只是为了个人的成就而不是为了学术兴趣，他们专注于研究的目标是将文章发表在我们这一行中所谓的一流期刊。我们的行业已经变成一个制造文章的产业，如何将文章发表才是关键，至于内容则是次要的事，这些结果通常也没有什么真正的价值。

翰莫　他将从事博弈理论研究的社群视为一个产业，而文章则是这一个产业的产物。现在，我知道他为什么用“产业废物的掩埋场”来比喻了。

新月　是“一堆产业废物”。

翰莫　我知道。

大槻　好的！好的！反正都很糟糕。目前，博弈理论这个社群相当庞大，所以有这种趋势也很正常。翰莫，你注意到有人用 K 所说的方式写文章吗?

翰莫　见过！我知道很多人是用这种态度写文章，其中包括部分公认值得尊敬的研究者，他们的目标就是在一流的期刊上发表文章。更糟的是，有些人明明知道自己的研究方向有误，但仍然视而不见地为了发表而持续写作。我同意 K 所说的，我们的行业充斥着不单是文章，而且包含研究者在内的产业废物。

大槻　翰莫，你也非常地愤世嫉俗喔！我以为我知道博弈理论的状况，但情况真的有那么坏吗？这个情形是什么时候开始的？这是最近的趋势吗?

新月　就我的观察，事实上，这个趋势已经有相当长的一段时间了。博弈理论在 20 世纪 70 年代初开始受到注意，由 20 世纪 80 年代开始，它成为主流。最近，很多文章声称博弈理论能够解释这个现象、那个现象等等，有些甚至于还说，博弈理论能够解释每一个社会的现象。其实，这些几乎都是同一个想法的变形而已。

翰莫　所以博弈理论陷入危机之中，对吗?

新月　显然，K 就是想说这个。

大槻 博弈理论曾经是一个新的领域，但那是很久以前的事了！就是从冯·诺依曼和摩根斯顿开始算起，也已经超过了60年，它已经标准化也产业化了。根据库恩《科学革命的结构》[1]这本书的用语，博弈理论已经进入常态科学这个层面，就是因为这门学科，现在有很多人成为职业的科学家。你们知道库恩《科学革命的结构》这一本书吗？

翰莫 我听过。

新月 我在很多年以前读过，但是已经不太记得了。

大槻 让我来解释库恩的科学革命，这是我最喜爱的一个主题。我需要一张纸来写下库恩所谓的变革的过程。新月，可以请你递一张餐巾纸给我，好吗？这样，我就可以用圆珠笔在上面写字。谢谢！

根据库恩所说，一门科学是以下列的顺序发展：

（1）典范（paradigm）的普遍程度，

（2）常态科学，

（3）异常现象的出现，

（4）危机，

（5）科学革命，

（6）采用新的典范。

这里，“典范”这个词的意思是指“主导某一个时期的科学所提供的一种思维方式”；“常态科学”是说在一个典范之下，逐渐地发展出来的一门科学；“异常现象”这个专有名词是指一个不容于典范的现象。当“异常现象”出现，这显示出这个典范有严重的缺陷，这门科学面临“危机”。为了克服“异常现象”，必须引入新的思维方式，随后，“科学革

① Kuhn TS（1964）*The structure of scientific revolutions*. Chicago University Press，Chicago.

命”发生。当一个革命导致一种新的思维方式产生并被广泛接受，一个新的典范于是诞生，一个新的过程重新开始。

翰莫　为了一门科学实质上的发展，必须发现一个严重的异常现象，是吗？当然，研究人员必须注意他们研究领域的关键发展，否则，不会有任何进步。

大榇　是的，我也这么觉得。博弈理论面临危机这件事是说已经发现一些严重的异常现象，而且某些博弈理论学者，包括你们，已经注意到这件事了。

翰莫　不，不是这样。嗯，我的肚子在叫了，食物还没来，我已经饿昏了。我应该再多忍耐一下吗？

新月　是的，当然。多吃点玉米片。

翰莫　玉米片还真有用。非常感谢！

我赞同 K 所说的，博弈理论已经陷入危机，但是我并没有看见博弈理论中的异常现象。

大榇　这不是很有趣吗！你认为博弈理论陷入危机，但是并没有看见严重的异常现象。那不就是说库恩的“科学革命”这个典范有严重的异常现象，是吗？

翰莫　我不确定。至少，我怀疑博弈理论面临严重的异常现象。

新月　我也这样怀疑。首先，我们应该注意库恩讨论的标的是自然科学，自然科学和社会科学似乎有很大的不同。

大榇　有些人说自然科学可以进行实验，而在社会科学很难有意义深长的实验，这是两者之间很大的差异，但是最近不是有人在做博弈理论的实验或实验经济学吗？

新月　是呀！最近是有人做了一些博弈理论和经济学的实验，但是我并不了解他们的目的：他们并不是在测试一个理论。重点是，博弈理论和经济学理论并没有一个可以用实验直接测试的架构。

女服务生端来了食物

翰莫 哈，终于来了。这里的墨西哥烤肉很大份，等一会再谈，我要先吃东西！

三位安静地吃了一会儿东西

大榇 翰莫，你胃口真好！

新月 他是个健康的男人！就是森森也不能跟他相比。

翰莫 这是赞美的意思吗？你不是对森森有很高的期望吗？

新月 是的。他学习认真，更重要的，他热中于讨论而且进步很多。他的问题多是入门的问题或是基本原理，这使我有机会重新认真地思考这些基本的概念，这对我很有帮助。

翰莫 很好！我也希望有一个像他这样的学生。再说，间占也很杰出啊。

顺便问一下，大榇，我认为目前博弈理论的危机和库恩所提到的危机有很大的不同。就像 K 所指出的，现在博弈理论的危机是指没有什么重大、实质的进展，但是很多博弈理论学者并没有严肃地看待这件事。

大榇 没有人严肃地看待目前这个情况，这是个很严重的危机，不是吗？对不起，对不起，我应该严肃些。

根据你的说法，博弈理论似乎仍然留在“常态科学”而尚未达到“寻求异常现象”的阶段。

新月 嗯……或许吧！你的观察在某一个程度上是对的。然而，博弈理论的某一个层面有一股力量可能阻止我们找寻“异常现象”，这个层面就是它采取数学建构的表示方式，这也是阻碍博弈理论发展成为一门实证科学的理由。纵使当它面临潜在的“异常现象”时，博弈理论总能借由调整部分的结构而轻易地解决这个问题。

大榇 你的见解听起来很有意思，但是博弈理论里有相当多的悖论已经被提出来讨论，你是怎么看这些悖论呢？由这里着手寻求异常现象，不是最有可能的吗？

翰莫　不，我不认为如此。举例来说，期望效用理论中的阿莱悖论或埃尔斯伯格悖论并没有改变目前效用理论的典范，那些修改都只是在现有的典范之下进行。

新月　若你很仔细、精确地读过“连锁店悖论”泽尔滕那篇有名的文章，你会发现它驳斥了他另外一篇在1975年论及完全均衡的工作。[①]泽尔滕本身并没有采取明确的立场，但是很多人把连锁店悖论当成一个有趣的问题，想以目前博弈理论的典范来解决，所以这个叫做均衡的精炼的领域，在20世纪80年代非常盛行。

翰莫　因为阿莱和埃尔斯伯格的实验与期望效用理论并不相容，促使非预期效用理论的产生以及大量文章的发表。每一篇这样的文章对于期望效用理论提出一个数学推广，并且宣称在给定某些参数值之下，所推广出的理论与阿莱和埃尔斯伯格所得的实证结果一致。实际上，它们没有反对原来的期望效用理论。

大枧　等等！等等！请注意，你们的谈论失焦了，你们谈的不是相同的主题。

回想一下，我们谈到由于博弈理论强大的表示力量，阻止了我们对“异常现象”的察知，谈论这些悖论的目的又是什么呢？

新月　喔，对不起，我是想指出调整这些理论里的参数或架构的自由度很大，因此，从这些理论得到的结论也能够随之调整。所以若现存的理论有矛盾的现象，我们也能轻易地避开。翰莫似乎也是相同的观点。

---

① Selten R (1978) Chain store paradox. *Theory and Decision* 9：127 - 159, and Selten R (1975) Reexamination of perfectness concept of equilibrium points in extensive games. *International Journal of Game Theory* 4：25 - 55.

翰莫 的确，我也是这个意思。

大槻 哈哈！我了解你们两位的意思了。你们提醒了我有关太阳系的托勒密理论，在哥白尼的理论出现之前，托勒密的理论主导了当时的宇宙观。你们知道，托勒密主张地球是宇宙的中心，尽管我们现在认为这是古代的一个愚蠢理论，但是这个理论的本身还是可以解释行星的运行。即使后来有更多的观察结果，我们还是能借由调整和推广这个理论来解释它们，所以这个理论就愈来愈一般而且复杂。然而，它最终和牛顿的物理学相违背，牛顿学说主张太阳是太阳系的中心，因为太阳的质量远远大过其他的行星。

翰莫 啊哈！你将目前的博弈理论与托勒密有关太阳系的理论作比较，这确实是个很棒的做法。

大槻 不过，现在有很多人认为博弈理论是社会科学中最先进的，我很惊讶听到博弈理论目前这么糟糕的处境。

新月 不幸地，我认为这是事实。我也应该说经济学目前的情况也相当糟糕，但是它和博弈理论的情况又不相同。经济学界定的目标通常比较清楚，并借由不同的基本概念来分辨这些目标的差别，一些好的经济学教科书常使用很多的篇幅来讨论这些概念。

翰莫 是的，你说得对。像大一学生读的《经济学原理》[①]这些教科书就非常好，它们会很仔细地讨论实际经济现象和理论论述的关联。举例来说，解释厂商理论里关于时间这个概念，如“短期”、“长期”、“极长期”之间的差异，就非常有帮助。不过，这些经济的内涵在中级的教科书中就不见了，很多的教科书变成只是简单的微积分应用。

宏观经济学或许与微观经济学不同，因为它和真实世界的关联明显，所以较有可能产生“危机”。

---

① 例如：Mankiw NG（1988）*Principles of economics.* Harcourt & Company，New York。

大概　这是个有趣的见解。但是比起微观经济学来说，我对博弈理论更熟悉些，而我几乎不了解宏观经济学，所以我们还是继续讨论博弈理论吧!

翰莫　没问题！我们继续来讨论博弈理论。但是，新月，你为什么要提到博弈理论和经济学的不同呢?

新月　因为，我想强调，从一开始，博弈理论就是以一个数学理论的姿态来发展。相对而言，经济学仍然有实证科学的特征。由于欠缺实证的部分，我们几乎无法从实证科学的观点来评估博弈理论的文章，博弈理论学者通常会说"假设是合理的"或"我能够说出模型中的直觉"来为他们文章的正当性来辩解。毕竟，这些仅仅是主观的看法，由实证的观点而言，其实并没有说明什么。

大概　我听到很多博弈理论学者提出这样的辩解。

新月　这种说法并没有什么实质的意义，我们需要某些规范以便防止这种主观上的辩解，否则，就会变成什么都可以。这样就很难有一个重要的异常现象，我们需要在我们的研究中加上一些适当的规范。

大概　我了解你们的看法了。你们两位对博弈理论的现况都非常地不满，根据你们的评论，我倾向做出下述的结论：作为一门科学，我们不能期待博弈理论会有实质上的进展。

因为我的研究工作仍然和哲学有关，我随时可以回到哲学，你们两位难道还想停留在一个没有未来的领域吗?

新月　是的，当然。其实，我认为博弈理论还是有实质进展的希望，我们需要更多的实证研究。而实证经济学的发展也需要理论的基础，因为在缺少理论的情况下，我们甚至无法做出适当的实验设计。

翰莫　你又抱持什么样的希望呢？有时候，我个人认为最好放弃博弈理论。打个岔，你认为我成为一位歌手会不会太迟了?

新月　成为一位歌手？那永远不会太迟。无论如何，首先，一个人应该停止用直觉或仅仅用诠释这样的习惯来评量我们的研究结果，而是应该全面地思考每一个理论的基础。同时，对于那些利用数学发展的理论，我们应该知道这些理论的本质以及适用的范围。我们应该思考是否能够由实证的角度来检验一个理论，以及它和真实世界的关联，要是这样做很困难，我们就必须思考产生困难的原因。当寻求实证或希望建立其与真实世界的关联都很困难时，我们就该想想背后的理由以及这个理论是否仍然有些价值。

我不是说一个没有这样关联的理论没有用，我是想指出目前这种忽略检视的做法有问题。假如能做到这些，就会淘汰很多愚蠢的理论。

大槻 你是主张必须要有哲学上的思维吗?

新月 是的！我的确这样认为。

翰莫 这样做会增加我们研究工作的限制，对吗？那么我们就有可能碰到严重的异常现象。举例来说，若一个经过理论上以及哲学上思考的理论，这个理论所研究的对象和方法出现矛盾，那么方法本身就必须修正。

大槻 听到博弈理论需要哲学思维，我很惊讶。

新月 是的！哲学在未来博弈理论的发展上将扮演重要的角色。

大槻 对于博弈理论的未来，你还是持正面的看法吗?

新月 是的！其实，我认为我们有机会使得博弈理论有很重大的突破。全球各地都有很多的社会—经济问题，而社会科学，这包括了博弈理论和经济学，必须思考这些问题。然而，人们对于冯·诺依曼所提供的架构已作了相当完整的检试，他的架构已不足以处理目前全球各地的社会—经济问题，我们需要对这个典范作实质的扩张。有些人将这个现象视为“危机”，虽然这个“危机”的意义不一定和库恩所说的相同。作为社会科学的博弈理论已经来到需要有实质突破的阶段。

新发展出来的理论可能会有“这个世界的未来，会比以往更为黑暗”的结论，纵使如此，身为一个科学家能够参与或见证这样的学术发展，我仍然认为非常幸运。

大槻　我以往总是认为你很消极，但是我现在发觉你非常积极。你的心中有什么具体的研究计划吗？

新月　比方说，我想研究参与者的内在心智结构（internal mental structure），当我们对这个结构知道得愈多，我们就愈知道它如何在社会上形成。然而，请不要以为这个计划只是考虑个人偏好演化发展的问题，否则，我们就仍然停留在目前的典范中。

具体地说，我正考虑个体在一个社会情境下的演绎、推理能力，个体的推理能力决定个人的行为，继而影响整个社会，同时，这种能力也在社会中形塑而成。我要强调借由这个研究，我们就能分析个别参与者理性的界限。这将提供博弈理论作为实证科学的一个基础，或许，同时也能成为常态科学的基础，因为它能提供我们许多个人或社会判断所需的判准的线索。

大槻　我了解你所说的。事实上，这就是这次“认知逻辑与博弈理论”国际研讨会的目的，不是吗？

翰莫　即使说出“产业废物的掩埋场”这样糟糕的话，也还是很有帮助的，因为它使我们思考什么是“危机”以及考虑博弈理论可能的发展。

新月　是“一堆产业废物”！

翰莫　好吧！好吧！随便你怎么说。总而言之，研讨会的目的也变得更清楚了。若是许多问题都能像在我们这次聚会那样直率地进行讨论，博弈理论的未来一定不会那么悲观。

好吧，我们为什么不在下午的会议后，一起去公共澡堂呢？这里的公共澡堂大大地提高了我们生活品质。大槻，这里的公共澡堂很有趣，而且它也可以帮助你了解日本的文化。你应该跟我们一起去，我们会有更“赤裸裸”的讨论。

大棚 我不知道任何有关日本公共澡堂的事，但是这听起来很有趣。任何有趣的地方，我一定都去。

旁白 他们将要去公共澡堂，我也想听他们在那里讨论什么，但是我不能。我希望他们能尽情地享受沐浴及“赤裸裸”讨论之乐。

第四幕　决策制定以及纳什均衡

旁白　半川秀，一个年轻的研究工作者，将在这一幕中出现，他拿到美国的博士学位后返回日本。半川先生今天将在 T s大学进行一个学术演讲，演讲将在四点半开始，但是他在一点半就已经到达。他殷切地期盼能和间占先生讨论博弈理论新近的研究方向。对我来说，了解目前国外博弈理论学者所专注的课题将会非常有益。让我们听听吧！

第一场 新近的研究课题

新月及森森正在实验室中，间占和半川进入到实验室

间占 午安，新月教授及森森，这位是由东京来的半川先生，他将做一个学术演讲。半川先生去年夏天从美国的 A 大学拿到博士学位且在欧洲做了一年研究后，九月回到东京。他的研究兴趣是博弈理论及产业组织，他在 A 大学是晚我四年的学弟。

半川 非常高兴遇到你们，我的名字叫做半川。

间占 这位是新月教授，那位森森是一个研究生。

半川 喔……您就是那个传奇的新月教授吗？真是不敢置信。听说，在您年轻时，人们对您有很大的期待，而这样的一个人，现在就站在我的面前，这真是个小小的世界啊！间占先生和我都在 A 大学读过书，您在美国哪一所大学读书的呢，新月教授？

新月 不，我的博士学位是在日本的大学读的。

半川 这样，喔，真是可惜，那我们就无法谈论美国的研究生院了。（看了森森一眼）你是森森先生！既然你是个研究生，你一定考过托福吧，你的托福考得如何呢？

间占 半川，你有点粗鲁喔！森森并没有去美国读书的打算，我不认为他考过托福。

森森 我的英文不好，从来没有想过去美国读书，但是我应该去吗？

间占 我不认为这件事情很重要。

半川 但美国是博弈理论研究的中心，我认为去那边学习博弈理论会更有效率些。当然，那边对于课程的要求非常严格，每一门课的教授都会指定许多的作业，假如你能够应付这样的生活，最好到那边读书。

（故意重复了这些话）我知道了，你没考过托福。

间占 好了！半川，你在演讲之前希望讨论一些其他的事吗，还是你提前来就只是为了准备演讲？

半川 不，我早就准备好演讲的事了。我并没有什么特定的议题想讨论，提前来只是认为你们或许知道一些美国新近的学术消息，所以希望从你们身上学习一些新的东西。

间占 我并没有什么特别有趣的消息，而你也没有什么特定的议题要讨论，那么到演讲开始前的这段时间，我们可以做些什么呢？

森森 （有点迟疑地说）在你们两个来之前，新月教授和我正在讨论如何诠释纳什均衡。

半川 如何诠释纳什均衡？你们是从奥曼的互动知识理论[①]还是演化稳定[②]来解释呢？

森森 不，我们就只谈论纳什均衡这个概念的本身。

新月 我认为应该厘清参与者的决策过程和纳什均衡的关系。我提

---

① Aumann RJ（1999）Interactive epistemology I and II. *International Journal of Game Theory* 28：263－314.

② 例如：Weibull JW（1995）*Evolutionary game theory.* MIT Press，London。

出这样的一个议题，然后，森森问我该如何诠释纳什均衡。

半川 喔，我知道了。你们尝试从决策理论的角度重新考虑博弈理论。《理论经济学期刊》最近一期有一篇文章利用主观概率来考虑纳什均衡，但是我忘记了作者是谁。

新月 你似乎念了许多文章，其实，好的文章并不多，有许多文章根本就不值一读。若一篇文章有被归为后者的迹象，我们从一开始就不应该读它。

半川 您是不是想告诉我，忽略那些以主观概率为基础的研究工作?

新月 只要是考虑如何在一个有许多参与者的博弈中做出决策的情形，你最好忽略它。决策理论多多少少有点像效用理论。效用理论处理的是个人的品味，主观概率被当成是效用理论的一个部分来处理，这是说决策理论将主观概率[1]视为品味的一部分。这个理论一开始就是将个人的品味以一个联系两个选择的二元关系来表示，然后讨论怎么样用公理化的方式导出一个代表这个二元关系的实值函数。总之，效用理论就是一个用实值函数来代表二元关系的一个显示理论，而主观概率只是这个实值函数的一部分。

半川 这有什么问题吗?

新月 如何表示效用并非问题之所在，这个二元关系背后的内涵才是关键。

偏好关系在主观效用理论里是一个从来没有打开过的黑箱，效用理论从来没有论及什么是主观概率，或者它是如何在人们心中产生等问题。因此，在一个需要做出决策的博弈情境下，我不认为决策理论或效用理论有用。

重要的不是品味而是思想。(看了看在他前面的三张脸)

---

① 请参见：Savage LJ（1954）*The foundations of statistics*. John Wiley and Sons，New York。

间占 我也认为在做决策的过程中，重要的是思想而不是品味。但从您的话中我听到些弦外之音，是我的品味，而非我的思考，驱使我以思考而非品味来讨论决策过程。

森森 间占先生，太好了！让我尝试做些思考的实验，还是我应该将思考做实验，嗯，这好像是重复相同的话，我有点昏头了。

半川 哇……你们正在做什么？我实在不太了解你们。

新月 很抱歉，我谈岔了。我们刚刚讨论如何在一个博弈的情境下做决策，而不是只谈一个人的决策问题，然后我提出讨论冯·诺依曼的最小最大定理。

半川 （显现出惊讶的样子）效用理论或许没什么用处，但你真的想要讨论冯·诺依曼的最小最大定理吗？那是个将近50年前的结果，在那边没有人讨论这么老的东西。难道仍然还有没有解决的问题吗？

间占 最小最大定理发表在1928年，是冯·诺依曼的一个有名的定理，[1]所以它已经有75岁了。

森森 半川先生，当你说“那边”，是指美国吗？美国没有人讨论最小最大定理吗？那么，他们讨论什么？

半川 这个嘛，一般的教科书或许会很简洁地提到这个定理，但是我认为那只是因为它的历史价值罢了。

我说“那边”，当然指的是美国，以及以色列或欧洲的一些大学，难道还有其他的地方吗？“那边”所讨论的题材，都是新近在东岸的顶尖大学、西岸的A大学或者以色列等地完成的研究结果。比方说，我们讨论我的指导老师扇贝教授，或有名的拉缅斯基正在思考的题材。如果你读那些名人已经在期刊上发表的文章，那就太慢了，你必须读他们

---

① von Neumann J（1928）Zur theorie der gesellschaftsspiele. *Mathematische Annalen* 100：295－320.

最新的工作报告，否则，你将远远地落后。间占先生想必知道一些他们最新的工作报告，这就是我提早来的理由。

间占 的确如此，一般说来，我会快速浏览这些最新的工作报告，以便知道这个学术圈最新的动态，但是这并不特别地有趣或重要。假如你想知道的话，我是有几个重要地方的工作报告，以及世界各地的工作报告的标题。

现在，忘掉所谓的工作报告或一些名人的八卦，还是回到今天讨论的主题。我们应该如何诠释纳什均衡，最小最大定理也跟这个问题有关。

新月 很好，请开始。

半川 这样嘛，这对我也没什么问题。偶尔听一听老故事也不是件坏事。

间占 可以了吧，那我们就开始讨论纳什均衡。纳什均衡有两种诠释的方式，我将它们写在黑板上：

(a) 一个只执行一次的博弈，而且每一个参与者必须在执行前做出决策，最终决策以及预测就是纳什均衡。

(b) 一个博弈已经执行且仍然要重复执行的情形下，纳什均衡成为策略上稳定的静态。

虽然这两种诠释的情境非常不一样，每一种诠释最后都会形成纳什均衡。换句话说，两种完全不同的情境都形成相同的均衡概念。

新月 我们称（a）为执行前决策的诠释，（b）为静态的诠释。

间占 的确，将（a）及（b）冠上名称会使得讨论方便些，谢谢您，教授。

纳什那篇有名的文章就是从（a）的角度写的。[①]事实上，我

---

① Nash JF (1951) Non-cooperative games. *Annals of Mathematics* 54：286－295.

认为可以将（a）及（b）这两种情形分得更细些。比方说，关于古典经济学竞争均衡的诠释可以归类为（b），此外，演化博弈理论的纳什均衡也应当归类为（b）。其实，也有些人说，纳什的博士论文也曾提及（b）这个观点。

半川　你们有两种不同的诠释？在那边，谈及纳什均衡就假设共同知识。

间占　几分钟之前，你问我们会不会谈到奥曼的互动知识理论或是演化稳定，前者就归类为（a），而后者就归类为（b）。

半川　奥曼的互动知识理论的研究方法或演化稳定，我们都假设共同知识，对吗？

间占　嘿，半川，你在A大学究竟学到些什么啊？

半川　难道我说了一些奇怪的话吗？

间占　唉，共同知识与用演化来探讨的方法没有关系。用演化来探讨的方法，每一个参与者都被界定为某种形式的基因，他的行为完全由这个基因所决定，那些较适于生存的基因会留下较多的新世代。随着时间的累积，经过足够多的世代，基因的分布将会收敛到纳什均衡。这个探讨方法中的参与者并不是那种可以学习知识而且做出决策的主体，所以共同知识甚至个人知识，完全没有扮演任何角色。

另一方面来说，奥曼的互动知识理论的探讨方式，属于（a）这一类。通常说来，我们在（a）这里会假设博弈的结构是共同知识。然而，根据新月教授的说法，这个被隐藏的假设却被当成是纳什均衡的一个诠释来看待。

半川　是这样子吗？有关纳什均衡的诠释，我并不特别觉得有趣，我的兴趣是那些能够用数学描述清楚的问题。我的目标是解决那些还没有解决的数学问题，或者是推广那些在特定条件下已经得到的结果。我也对某些应用的问题感兴趣，我希望利用博弈理论的知识来解决一些实际的问题，当然，那并不是我真正努力的方向。

间占 （些许地不快）半川，你确实知道什么是共同知识吗？

半川 我当然知道什么是共同知识，这个定义可以在奥曼讨论信息分割模型的那篇文章找到，我在 A 大学修博弈理论的课时，就读过这篇文章。[1]只要回头去读那篇文章，就知道共同知识的数学定义了。

间占 （朝向森森）森森，你能够解释什么是共同知识，对吧？

森森 应当能够吧！一个声明是共同知识当且仅当下面的叙述成立：每一个参与者知道这个声明，每一个参与者知道每一个其他的参与者知道这个声明，而且每一个参与者知道每一个参与者知道每一个参与者知道这个声明，如此等等。

半川 我当然知道这些，我以为你要问精确、严格的定义。

新月 好了，好了。让我们讨论些更具体的事。半川先生使用的名词可能与我们不同，所以我们应该很快地回顾一下博弈的语言。森森，可以请你将纳什均衡的定义写在黑板上吗？

森森 嗯，需要写得多么一般呢？

新月 只要写出参与者的个数是有限的情形就好了。

森森 （走向黑板）这很简单。我们先定义什么是一个博弈，然后，再定义纳什均衡。

定义 4.1：$G=(N,\{S_i\}_{i\in N},\{g_i\}_{i\in N})$ 是一个有 n 个参与者的博弈，其中

(1a)：$N=\{1,\cdots,n\}$ 表示参与者的集合；

(1b)：S_i 表示参与者 i 的纯策略的集合；

(1c)：g_i：$S_1\times\cdots\times S_n\to R$ 表示参与者 i 的报酬函数，R 表示实数的集合。

定义 4.2：一个策略组合 $s^*=(s_1^*,\cdots,s_n^*)$ 称做纳什均衡当且仅当对每一个 $i\in N$，对所有 $s_i\in S_i$

---

① Aumann RJ (1976) Agreeing to disagree. *Annals of Statistics* 4：1236－1239.

$$g_i(s_i, s^*_{-i}) \leqslant g_i(s^*_i, s^*_{-i}), \qquad (4.1)$$

其中 $s_{-i}=(s_1, \cdots, s_{i-1}, s_{i+1}, \cdots, s_n)$，而且 $s=(s_i, s_{-i})=(s_1, \cdots, s_n)$。

新月　你能否也写下一些简单的例子呢？嗯，就举囚徒困境以及两性战争这两个博弈如何？

森森　可以的，我在黑板上写下囚徒困境这个博弈。首先，参与者的集合是 $N=\{1, 2\}$，策略集合分别是 $S_1=\{s_{11}, s_{12}\}$ 以及 $S_2=\{s_{21}, s_{22}\}$。报酬函数是如表 4.1 的 g_1^1 以及 g_2^1。

表 4.1　囚徒困境 $g^1=(g_1^1, g_2^1)$

1 \ 2	s_{21}	s_{22}
s_{11}	5, 5	1, 6
s_{12}	6, 1	3, 3

表 4.2　两性战争 g^2

1 \ 2	s_{21}	s_{22}
s_{11}	2, 1	0, 0
s_{12}	0, 0	1, 2

对于囚徒困境这个博弈 $g^1=(g_1^1, g_2^1)$，它的纳什均衡是 (s_{12}, s_{22})。为了要检验（s_{12}，s_{22}）是否满足黑板上的定义 4.2，我们需要验证式（4.2）的两个不等式：

$$\begin{aligned} g_1^1(s_{11}, s_{22}) &\leqslant g_1^1(s_{12}, s_{22}) \\ g_2^1(s_{12}, s_{21}) &\leqslant g_2^1(s_{12}, s_{22}) \end{aligned} \qquad (4.2)$$

至于两性战争这一个博弈，（s_{11}，s_{21}）和（s_{12}，s_{22}）都是纳什均衡。

半川 （等不及森森说完他的解释）若仅使用纯策略，你无法证明纳什均衡的存在。你需要将纯策略推展到混合策略，然后使用布劳威尔不动点定理，或用角谷（Kakutani）不动点定理来证明。当纯策略的个数是无限多时，我们需要将不动点定理作更进一步的推广。这样一来，我们就需要泛函分析的知识，比方说，考虑巴拿赫（Banach）空间，以及考虑某些弱拓扑（weak topology）。所以你就需要使用一些漂亮的数学技巧，这是研究数理经济学典型的手法，不过，这些做法目前不太流行了。

间占 你既然谈到纳什均衡存在性的证明，你能不能够在黑板上写下一个纳什均衡并不存在的例子？

半川 （匆忙地回答）这个吗？应该举出一个不连续的报酬函数，或者不是拟凹(quasi-concave）的报酬函数。几年前，《理论经济学期刊》就有一篇文章讨论在一个不连续报酬函数的博弈中纳什均衡的存在性问题，建构这样的例子并不困难，只要去查阅那篇文章就好了。

间占 什么？你在说什么？

（看着森森）森森，你马上可以给出一个例子，对吗？

森森 就两人零和博弈而言，钱币配对博弈就是一个例子，这个博弈没有一个以纯策略存在的纳什均衡。

半川 我当然知道这个例子。

间占 森森，我只想确定一下，可以请你将钱币配对这个博弈写在黑板上吗？

森森 没问题。就如表4.3，两个参与者同时出示的钱币都是正面图案，或都是反面图案时，则参与者1得胜，那他就赢得参与者2的钱币；当这两个钱币是不同图案时，则参与者2胜，他就赢得参与者1的钱币。

表 4.3：钱币配对 g^3

1 \ 2	s_{21}	s_{22}
s_{11}	1，-1	-1，1
s_{12}	-1，1	1，-1

在这个博弈中，参与者 1 将他在（s_{11}，s_{22}）这个策略组合的策略改变为 s_{12}，他的报酬将从 -1 变成 1，因此，（s_{11}，s_{22}）不是一个纳什均衡。同样的道理，其他的策略组合也不是纳什均衡，所以这个博弈并没有由纯策略组合而成的纳什均衡。

因为这是一个零和博弈，我们可以假设参与者 2 会试图将参与者 1 的报酬最小化，因此，我们只需要考虑参与者 1 的报酬就够了。

半川　这是一个很简单的例子，我以为你要问一些需要更多数学知识的东西。

间占　你似乎老是想着一些非常困难的问题，假如时间允许，我会让你有机会说说的。

关于钱币配对这个博弈，由纯策略所组成的纳什均衡并不存在。但若是我们允许使用混合策略，纳什均衡的存在性就没有问题。我们可以用不动点定理来证明，不动点定理似乎是半川的最爱。不！不！很抱歉，你应该喜欢更难的事情才对，是吗，半川？

新月　哈哈哈！谢谢你们的总结。现在，预备工作已经完成，所以我们可以开始讨论主题了。人们常这样说“为了使得纳什均衡合理，我们需要博弈的结构是共同知识”这个条件，就让我们从这里开始。

半川　但是，新月先生，难道不是每一个人都这样说吗？就是在 A 大学，大家也都是持这种看法，难道我们需要讨论那些已经有共识的东西吗?

间占 （有些不快）我跟你说吧，我们想知道的是这个看法的正确与否。我们不在乎 A 大学中每一个人的想法，在这里，我们尝试对任何一个议题都讨论到每一个人都满意为止。

真是不可置信，他们到底在 A 大学教了你些什么东西?

新月 冷静些！半川先生似乎不习惯这样的讨论，让我们放轻松点。

事实上，对于是否需要共同知识，零和博弈的最小最大定理提供了一些重要的东西。

同时，对于纳什均衡，也有些人主张并不需要共同知识这个假设。[①]但是纳什均衡的本身是一个中性的数学概念，和这些假设无关，我们的决策判准或决策方法是否需要共同知识才是真正的问题。

半川 我仍然不清楚你们的问题是什么，但是我会再继续听下去。

新月 现在，我们喝些茶吧！

---

① 请参见：Aumann RJ，Brandenburger A（1995）Epistemic conditions for Nash equilibrium. *Econometrica* 63：1161－1180。

第二场 纳什均衡的诠释

间占 在休息喝茶之前，我们刚要开始讨论，对于纳什均衡而言，博弈的结构是共同知识这个假设是否必要。教授，您提到最小最大定理和这个问题相关，但是我想更进一步地澄清纳什均衡这个概念，可以吗?

新月 这很好，将问题厘清本来就是首要任务。

间占 就如我曾在黑板上写的，我们对于纳什均衡有两种诠释的方式。关于（a），您命名为执行前决策的诠释，我知道某些人以自我约束性质（self-enforcing property）的方式来理解。这是指在纳什均衡状态时，没有任何使参与者愿意改变策略的诱因，也就是一旦达到纳什均衡，这个均衡的本身就约束任何一个参与者都不会改变策略。所以每一个参与者的决策就停留在纳什均衡上，纳什均衡具有自我约束这个特征。

新月 在20世纪80年代，用自我约束这个性质来诠释纳什均衡的说法非常流行。但是，间占，你应该更仔细地想一想，这个说法只是逐字地将纳什均衡的数学表示用口语重述而已，换句话说，它仅仅是将纳什均衡的定义4.2，用文字重新说一遍。这个说法，不但可以用在（a）的执行前决策的诠释，也可以用在（b）的静态诠释。从策略的观点而言，这仅仅说明我们一旦选择了这些策略后，这些策略的组合将具有稳定性，但是它并没有说明我们应该如何选择出纳什均衡策略。

现在，我们应当考虑如何区别（a）及（b）这两种诠释背后的情境。

间占 我懂了！我没有办法对这个问题作更进一步的澄清，教授，请您解释（a）与（b）的区别。但是若您同时解释这两种诠释，我担心极有可能会脱离主题，所以可否请您先讨论（a）执行前决策的诠释？

新月 没问题，那我就先解释（a）。严格说来，问题并不在于纳什均衡的诠释，而在于每一个参与者如何在博弈执行之前制定决策，当然，这两件事息息相关。在博弈理论这门学问中，决策制定的问题被当成纳什均衡或其他均衡概念的诠释，难道你们不认为这说明博弈理论是低度发展的吗？

半川 （看来有些惊讶）什么？博弈理论是低度发展的学问？近来，许多主流经济学刊物上的文章都应用了博弈理论，比方说，《理论经济学期刊》这个美国第一流的杂志刊登的每一篇文章几乎都与博弈理论或多或少有些相关。

间占 半川，我同意新月教授的说法相当夸张，但是你的观点"许多主流经济学刊物上的文章都应用了博弈理论"，也不意味着博弈理论已经发展得很健全。

半川 那我该如何反驳新月先生呢？美国是博弈理论和经济学最先进的地方，我认为了解他们对于博弈理论的看法十分重要。

间占 但是我们这门学问缺少活力也是一个事实，我认为我们应该仔细思考这个问题。

（注视着新月）先生，您是否故意要岔开主题？

新月 不，不，我没有这样子的意图。或许，我的结论下得太仓促了，让我将这个观点解释地更仔细些。

首先，观察这门学问目前的情况，许多博弈理论学者很轻易地接受纳什均衡，所以他们努力地尝试提出适当的诠释。然而，面对一个博弈的情境，参与者的行为或如何制定决策才是我们原先的问题，纳什均衡不应当是我们的目标，虽然它确实在数学研究上扮演了重要的角色。

为了使事情更清楚些，我将问题写在黑板上。它是：

（c）不是"如何诠释纳什均衡"，

(d) 而是在两个或是更多的参与者的情境下，我们如何选择一个策略。

我来讨论纳什均衡如何以及为何会与（d）有所关联。

半川 （摇摇头）我无法同意您的看法。借由数学的分析，纳什均衡已经有了正确的诠释。首先，一个理论学家的任务是创造或精炼数学工具以便应用于经济学的研究。关于(d)，它应该是一个应用而不是一个数学上的分析。因此，像我们这样的理论学家应该分析纳什均衡的数学性质，那么，那些尝试利用纳什均衡来考虑有关（d）这个问题的学者，就会有更多由我们创造出的工具可以使用。

一个纯的理论，应当在不考虑应用的情况下完成。一旦一个纯理论的数学研究完成，应用的学者将会用它来处理包含（d）在内的许多问题。

森森 嗯……我不确定博弈理论的目标是否仅是作为经济研究的工具。但是，当然，一个纯的理论应当是纯的，你这样说也对。

（想了一会儿）但是当你不去考虑一个工具的可用性就创造它，这些工具极可能没什么用，到头来，你只是制造了一大堆没有用的东西。再说，纯理论意指不考虑应用，我也感觉有些奇怪。教授，您的看法呢?

新月 这是理论学家常用的说法。当被问及他们的理论可能的应用时，他们会这样回答："理论上来说，是有可能将这些理论应用于真实的问题，未来一定会有人将这个理论应用到实际的问题。"其实，很多理论学家认为应用是一个层次不高的工作。他们下意识地相信，纯理论都可以应用在实际的问题上，应用在他们的心目中所占的分量不多。他们认为纯理论学家的责任是去创造工具，而将那些应用的事情留给那些从事应用的人。

半川 您的说法非常负面，因为我们从事的研究领域的范围已经很大，所以分工本来就非常自然。我们需要纯理论学家，也需要应用的学者。我属于前者，新月先生，我不知道您希望属于哪一类。

间占 嗯……我们今天从一开始就常常离题，我们还是回到博弈理论的议题吧。

半川 好的，请说。

间占 新月教授，让我总结您尝试说明的事。在一个博弈的情境下，我们应当思考每一个参与者如何制定决策，而纳什均衡只是做了决策之后的数学表示，这么说正确吗?

新月 是的，十分正确。

森森 等一下，有件事情听起来怪怪的。教授，您常说，“当我们考虑一个性质时，想想哪些东西具备这些性质，这是一个非常基本的态度”。若我没记错的话，您常在课堂上强调，“纳什均衡不是某一个参与者 i 的策略 s_i 的性质，而是全部参与者的策略组合 $s=(s_1, \cdots, s_n)$ 的性质”。间占先生刚刚说，纳什均衡表示每一个参与者的决策制定，每一个参与者的决策应该是一个策略，而不是一个策略组合 $s=(s_1, \cdots, s_n)$，所以（d）是每一个参与者的问题。但是纳什均衡是所有参与者的问题，我的说法有错吗?

新月 不，不，你的想法非常聪明。间占，你怎么解释这件事呢?

间占 我想先确定是否了解他的想法。每一个参与者在制定决策时，选择一个策略。但是你不知道其他的参与者采取的策略 $s_{-i}=(s_1, \cdots, s_{i-1}, s_{i+1}, \cdots, s_n)$ 是什么。

森森 对的，现在问题变得更清楚了。它们到底是什么?

新月 这个问题相当深刻。间占，你怎么想呢? 首先，你应当再进一步地厘清我们正在考虑的情境。

间占 好的，我再说一次我们目前的问题。我们正在思考每一个参与者从执行前的观点会选择什么样的策略。假设这个博弈只执行一次，为了执行且完成这个博弈，每一个参与者需要选择一个策略。既然每一个参与者的报酬都会受到其他参与者的决策所影响，他就需要考虑其他参与者的决策，我们用 s_{-i}表示这个部分。

新月 非常精确。记住，参与者 i 的最佳报酬，并不是单纯地最优化他的目标函数。比方说，表 4.3 所陈述的钱币配对博弈，若参与者 2 选择 s_{21}，则参与者 1 的最佳策略应当是 s_{11}；若参与者 2 选择 s_{22}，则参与者 1 的最佳策略应当是 s_{12}。

半川 是的。每一个参与者都应该考虑其他参与者的决策，这就是为什么我们需要共同知识。

新月 对的。许多人都这样说，但是我们需要澄清是否有些东西无形中进入到了博弈理论。比方说，半川先生，是否可以解释你的结论，“这就是为什么我们需要共同知识”这句话。

半川 这个嘛，每一个人都是这样说。

新月 你给了一个坏答案的好范本。如果每一个人都不仔细地思考而盲目地跟从某个理论，这极可能导致很大的灾难。

好了，请考虑在一个博弈的情境之下，为什么需要共同知识。

半川 这个嘛，当一个参与者在制定决策时，因为其他参与者的选择会影响他的报酬，所以他需要去预测其他参与者的最后选择。因为每一个参与者都需要面对这样的情境，预测其他参与者的选择只有在博弈是共同知识时才有可能。

（显出自得的样子）这就是为什么在一个博弈的情境下，参与者们制定决策时，共同知识是必要的条件。

新月 你应当将你最后的说法改变成，“在一个博弈的情境下，参与者们制定决策时，共同知识是充分的条件”。

半川 嗯……是，您是对的。

森森 您是指不需要共同知识这个条件，不是吗?

新月 这也是一个非常唐突的结论。我们对于某些形式的决策制定需要共同知识，但是对于有些形式，我们又一点都不需要共同知识。关于后者，最小最大定理将会提供有用的说明。更精确地说，应该是最大最小决策判准，而不是最小最大定理。

森森　新月教授曾经在课堂上很扼要地解释过最大最小决策判准以及最小最大定理，我来回忆一下。首先，我们选取一个零和两人博弈，零和指的是这两个参与者的报酬的和永远是零，我们表示成式（4.3）：对于所有 $(s_1, s_2) \in S_1 \times S_2$

$$g_1(s_1, s_2) + g_2(s_1, s_2) = 0 \tag{4.3}$$

表4.3的钱币配对博弈就是一个零和两人博弈，我只能记得这么多，至于最大最小决策判准，我就记不太清楚了。

间占　这很简单，我来解释最大最小决策判准。

什么是参与者1的最大最小决策判准呢？当参与者1选择策略 s_1，他的报酬将会随着参与者2的决策而有所改变。参与者1对于策略 s_1 的评价，是由所有可能发生的情况中最坏的情形来衡量，我们将它写做 $\min_{s_2} g_1(s_1, s_2)$。因此，参与者1应当借着控制 s_1 来最大化他的报酬。用这样的一个方式来选择策略，我们就称做最大最小决策判准。

新月　没错。最大最小决策判准建议参与者1选择的策略 s_1 能够使他最大化 $\min_{s_2} g_1(s_1, s_2)$，我们将它表示做 $\max_{s_1} \min_{s_2} g_1(s_1, s_2)$。当参与者1使用最大最小决策判准时，他不单不需要考虑参与者2的想法，也不需要考虑参与者2的决策判准。参与者1用最坏的可能来评估他的每一个策略 s_1，在这个评估之下，参与者1选择对他最好的 s_1，这是关于最大最小决策判准最忠实的解读。这是一个单纯的个人思维，与共同知识这个假设一点关系都没有。

半川　但这是最大最小决策判准，并不是纳什均衡。

间占　这话并不一定对，我想，最大最小决策判准和纳什均衡是有某些关联，让我想一想这些关系。

这样子说吧，当参与者1以及2都使用最大最小决策判准，我们可以将它写成

$$\begin{matrix} \text{对参与者 1} & \max_{s_1}\min_{s_2} g_1\ (s_1,\ s_2) \\ \text{对参与者 2} & \max_{s_2}\min_{s_1} g_2\ (s_1,\ s_2) \end{matrix} \quad (4.4)$$

然后，利用式（4.3）的零和条件，参与者2的判准可以改写成$\min_{s_2}\max_{s_1} g_1\ (s_1,\ s_2)$。

森森　我记得这两个公式的关系，就是下面的不等式：

$$\max_{s_1}\min_{s_2} g_1\ (s_1,\ s_2) \leqslant \min_{s_2}\max_{s_1} g_1\ (s_1,\ s_2) \quad (4.5)$$

证明这个不等式蛮简单的，但我记得另外一个有关式（4.5）以及纳什均衡之间的关系的定理。间占先生，那个定理是什么呢?

间占　哈哈！让我来吧。我将这个重要的定理写在黑板上：

定理：设 $g=(g_1,\ g_2)$ 是一个零和两人博弈，$g=(g_1,\ g_2)$ 存在纳什均衡的充分必要条件是式（4.5）是一个等式。①

森森及半川，你们两个记得这个定理吗?

森森　我记得这个定理。纳什均衡的存在与否，跟博弈的结构有关，式（4.5）不一定是个等式。

半川　我没有学过零和两人博弈，因为这是一个古老的题材，但是纳什的存在性定理说明纳什均衡应该存在。

间占　对的。为了能够证明纳什均衡的存在，我们需要允许参与者使用混合策略，因此，纳什均衡的存在导致式（4.5）是一个等式。事实上，在两人零和博弈以及允许使用混合策略的状况下，冯·诺依曼证明了纳什均衡存在，也就是

---

① 关于这些零和两人博弈的结果，请参见：Luce RD，Raiffa H（1957）*Games and decisions*. John Wiley and Sons，New York。

说，在允许使用混合策略的状况下，式（4.5）的不等号改成等号永远成立，这个结果就称做最小最大定理。

森森　在允许使用混合策略的状况下，冯·诺依曼是否比纳什更早证明了纳什均衡的存在？那么，我们为什么要将纳什这个名字冠在这个均衡前面呢？

间占　不，严格说来，在两人零和博弈以及允许使用混合策略的状况下，冯·诺依曼证明了鞍点的存在。鞍点这个概念在两人零和博弈相当于纳什均衡，说得更清楚些，当式（4.6）：

$$g_1(s_1, s_2^*) \leqslant g_1(s_1^*, s_2^*) \leqslant g_1(s_1^*, s_2) \qquad (4.6)$$

对于所有的 $s_1 \in S_1$，$s_2 \in S_2$ 成立，我们称（s_1，s_2）是 g_1 这个博弈的鞍点。

森森　我现在记起来什么是冯·诺依曼的最小最大定理了。在允许使用混合策略的情形下，冯·诺依曼证明了两人零和博弈的鞍点存在，就是式（4.5）的等号成立，我们称它为最小最大定理。

间占　然后，纳什将冯·诺依曼的鞍点存在的证明推广到证明 n 人博弈的纳什均衡的存在。当然，他的发现是建立在冯·诺依曼的定理之上，但是因为纳什的存在性证明对于经济学及博弈理论有很大的影响，这个均衡点就以他的姓氏来命名。

森森　我以前还不知道这些有关纳什均衡的故事呢。

新月　因为在那个时候，冯·诺依曼和纳什都在普林斯顿，所以纳什才能解决这个问题。那样子的学术环境，真是让人羡慕啊！

半川　当然，美国的研究生院的学术气氛非常好。《美丽心灵》这部电影很成功地描述了纳什的故事，并获得2002年的奥斯卡奖。当我看这部电影时，对于这些顶尖大学的学术氛围真是思念不已。

新月　事实上，我也去看了这部电影。这个春季的新生入学教育，我必须给一年级新生做一个演讲，我曾经计划利用这部电影来说明我们这个领域的一个伟大研究者的故事。然而，这是一部没有什么深度的坏电影，我非常失望，所以我没有在新生演讲时提到它。

这部电影说，纳什是继亚当·斯密之后改写了经济学。其实，是因为冯·诺依曼最小最大定理的存在才有纳什均衡的出现。关于纳什跟冯·诺依曼之间的关系，这部电影一点都没提到。

间占　我没看过这部电影，但是不论纳什均衡的存在性定理受到冯·诺依曼的最小最大定理多少的影响，纳什均衡是冯·诺依曼定理一个非常深远的推广。由于这个推广，博弈理论和数理经济学才有长足的进步。

新月　我不是指纳什的工作没有什么意思，我是说这部电影没有什么意思。几年前有一部类似的电影——《心灵捕手》，它描述一个可以在一瞬间解决任何数学问题的天才数学家。冀望解决一个伟大的问题，需要大量的努力以及个人生活的牺牲，希望别人能了解一个工作的重要性，通常也不是一件愉快的事，这些在这部电影中也都没有描述。

在20世纪40、50年代间，有一些非常杰出的人，诸如爱因斯坦、冯·诺依曼、哥德尔等，同时在普林斯顿工作。他们的工作达到了人类前所未见的顶峰，在这样的氛围下，纳什将冯·诺依曼最小最大定理推广而有了纳什均衡的产生。如果这部电影能谈及他与冯·诺依曼或这些了不起的学者之间的互动，或许就会更有深度些。

间占　就我所知，冯·诺依曼对于纳什均衡的证明并没给出很高的评价，他说，这个存在性定理的证明多多少少就像布劳威尔不动点定理的应用。但是我认为纳什的议价理论（Bargaining Theory）就非常具有原创性而且优美。

新月　我同意你的看法。这部电影呈现出另外一个问题，纳什渴望自己被认为是一个天才，他的内心既不美丽也不纯洁。相反，《莫扎特传》里的莫扎特是既出色又优雅。《莫扎特传》及《美丽心灵》这两部电影的根本差别在于，《莫扎特传》的导演喜欢戏中角色的性格而《美丽心灵》的导演则不。总之，这是这两部电影的导演在能力上的区别。

半川 这是品味问题，我认为《美丽心灵》是一部非常好的电影。

间占 我也要去看这部电影。

好了，我们已经讨论了最小最大定理及纳什均衡的存在性。

新月 对的，我们再回到博弈理论的问题。最小最大定理与最大最小决策判准有关，也与纳什均衡有关。在这里，我们要强调，对使用最大最小决策判准的参与者而言，重点是评估自己的策略，他不需要知道他的对手的决策判准。因此，共同知识这个假设并不需要。

当式（4.5）这个式子的等号成立时，这个参与者就能成功地运作他的决策；假设他的对手也使用相同的决策判准，则式（4.5）的等号就成立。那么，没有一个参与者可以单方面地改善他的报酬，在这个情况下，这两位参与者所选出来的策略就构成一个纳什均衡。

森森 总而言之，推导出纳什均衡并不一定需要共同知识这个假设。有其他的决策判准需要共同知识这个假设吗?

新月 是的，是有一些决策判准需要共同知识这个假设。

对了，差不多是你演讲的时间了，半川先生，你应该准备好了吧?

半川 对的，没错，我最好准备好了。

新月 我们明天可以继续讨论。

半川开始准备他的演讲

第三场　无限递归与共同知识

隔天早上，半川来到了实验室

半川　早安，所有人都在这儿，大家好吗？

新月　半川先生，早安，我很好，谢谢你。

半川　先说说，你们喜欢我昨天的演讲吗？我不知道是否还好，除了间占先生外，没有人在演讲当中提出问题。

新月　你的演讲？嗯……不太好吧。演讲一开始，间占就问："你为什么会考虑这一个问题呢？"他不是问一般化或特殊化的事，而是问这个你所考虑的问题的重要性。你并没有回答他的问题，就直接开始讨论细节。然后，大家都失去了兴趣。很幸运地，间占问了一些问题，使得这个演讲不至于太过沉滞。

半川　有关我的问题的重要性？我没注意他问这个问题，但是说它是一个尚未解决的问题，这应当足以说明它的重要性吧？

间占　你在投影片上列出一个表说明所有可能的情形，然后，告诉我们哪些情况已经解决，哪些情况还没解决。接着你说，写这篇文章的目的是因为某一个特定的情况尚待了解。对于相关文献的整理，你做得非常完整，这对我们来说非常有用。但是一直到演讲的最后，你才解释这个研究工作的重要性。

半川　难道解决一个尚未解决的问题也是一个错误吗？这就像是"我登山，因为有一座山在那"。

新月　半川先生，你引述了马洛里（George H. L. Mallory）的话，但是不能因为引述他的话，就能够说明你选择这个问题的正当性。

马洛里是一个著名的登山家，他在20世纪20年代三次挑战珠穆朗玛峰。在1924年，他几乎成为第一个成功攀登珠峰的登山者，但是他失踪了。[①]到目前为止，仍然有马洛里的尸体在珠峰山顶的某个角落的传言。

事实上，我太太为了某个理由曾经找到一篇马洛里的专访，他在这个专访中提出了这句名言。这篇报导一定还在我办公室的某个角落。

(在他的书柜中寻找) 哈！就在这里。在1923年的一篇专访中，[②]马洛里被问到："为什么你想要攀登珠穆朗玛峰呢?"他回答说："因为它在那儿。"

然后，访问者继续问："这个探险难道没有什么有价值的科学成果吗?"

马洛里清楚地回答：

> 有的。我们在第一次的探险时对地质作了非常有价值的勘测，而我们这两次的探险作了许多的观察，也收集了许多有关地质以及植物学的样本。……有时，科学是用来作为探险的借口，我认为它不是真正的理由。
>
> 珠穆朗玛峰是世界上最高的山，还没有人攀登上它的顶峰，它的存在本身就是一个挑战。出于天性，某种程度上，我认为克服宇宙是人类的欲望。

现在，你懂了吧，半川先生。马洛里的意图完全跟你所想的不同，对他而言，这山是珠穆朗玛峰——全世界最高且尚未被征服的山。[③]事实上，关于他话语的诠释，在日本某些

---

① 1953年，Edmund Hillary和Norgay Tenzing首先登上珠穆朗玛峰。

② *New York Times* 1923，March 18.

③ 身为新闻工作者以及登山家的本多胜一（Katsuichi Honda）对这部分给过相当有价值的评论。

登山者的刊物里有许多的讨论，所以我太太希望知道这个访问的原文。

半川　我不知道有关他的话如何诠释这件事，但是我的说法又有什么错呢?

新月　有什么错? 你会去爬一座尚未被人爬过且由产业废物堆积而成的山吗?

半川　您是说我研究的成果是产业废物吗?

新月　抱歉，这只是一个比拟。我们的行业有太多的问题，大多数都没有价值，仅有小部分值得探讨。从事一个研究工作前，你必须思考它的重要性。

附带地说，我们有无限多的问题，虽然每个问题都由有限的字所组成。

半川　但是您怎么判定哪些是重要的问题，哪些不是? 对于一个问题是否原创的认定，我认为唯一可行的方法就是对文献作回顾，而后说明它是否仍然是一个尚未处理的问题。

间占　根据你的说法，我们会得到这样的结论，即攀登一座由产业废物所堆积而成的山也有一些价值，因为没有人攀登过。

我认为，最好还是回到我们昨天讨论的主题吧。

半川　没问题。

新月　好吧，该从哪里开始讨论呢？

间占　昨天您说，“共同知识对于某些决策判准是不可避免的”，您应当解释这样的决策判准。

新月　对的。我应当解释这个，这对我也是一个挑战。为了简单起见，我将只讨论两个参与者的情况。

我的论证是这样的：[①]参与者 1 预测参与者 2 的决策，然后，根据他的预测，他选择一个策略来最大化他的报酬。问题的关键是参与者 1 如何预测参与者 2 的决策，参与者 1 假设参与者 2 跟他用相同的方法在做决策；同时，就像参与者 1 一样，参与者 2 也用相同的方法来做预测及决策。

森森　教授，这听起来太抽象了，很难懂。

新月　我也这样认为。将这个说法写在黑板上会容易些：

> *A*：参与者 1 预测参与者 2 会根据下面的（*B*）来做决策，然后，在这个预测的基础下，选出他最好的策略；
>
> *B*：参与者 2 预测参与者 1 会根据上面的（*A*）来做决策，然后，在这个预测的基础下，选出他最好的策略。

森森　等一下。*A* 中的（*B*）和 *B* 相同吗？同样地，*B* 中的（*A*）与 *A* 相同吗？

新月　是的，它们相同。我将句子 *A* 及 *B* 中的 *B* 及 *A* 加上括号，只是为了区别它们。

森森　它们相同，没问题。那么，您的说法听起来非常奇怪，嗯……

---

① Kaneko M（2002）Epistemic logics and their game theoretical applications：introduction. *Economic Theory* 19：7－62 对这议题给了严谨的介绍性论述。

这是不是一种循环论证呢?

间占　我认为它是循环的，的确，因为 (B) 在 A 中发生，而且 (A) 在 B 中发生。先生，您没写错吧?

新月　没错，我是这样认为。这种循环论证的论点是共同知识真正的源头，参与者 1 思考参与者 2 如何制定决策，而且参与者 2 也思考参与者 1 如何制定决策。

间占　我能用下面的方式来说明您的循环论证吗? 句子 A 依赖 (B)，所以它本身并不完整；句子 B 依赖 (A)，所以也不完整。A 的完整需要 B，而 B 的完整也需要 A。

新月　是的，就是这样。但是为了使每一个句子的意义完整，你应该继续一些步骤。它们可以用下面的图表来表示：

$$\begin{array}{l} A \to (B \to (A \to (B \to \cdots)\cdots)) \\ B \to (A \to (B \to (A \to \cdots)\cdots)) \end{array} \tag{4.7}$$

在句子 B 的 (A) 中嵌入句子 B，在句子 A 的 (B) 中嵌入句子 A，但是导出的句子，需要另外一次嵌入的动作。然后，这些导出的句子仍然有 (A) 及 (B)，我们需要再一次嵌入的动作，这样的过程永不停止。因此，我们就有一个无穷的序列。

间占　我认为应该称这种无穷序列为无限递归。

新月　对的，大家就是称它为无限递归。一个句子意义的完整，需要用其他句子的辅助来完成，这将导致无限递归。

间占　我们一般认为无限递归是一个困难的悖论或者仍然是一个谜，这个无限递归没问题吧?

新月　没有问题。你注意到没有，这个无限递归有些像共同知识?

间占　是的，我注意到了。它看来和共同知识的说法类似，但是我不了解它们之间真正的关系，可以解释地更仔细吗?

新月　用信念算子 (belief operator) 来解释这个关系会好一些。假设 B_1 及 B_2 分别是参与者 1 及 2 的信念算子，这里，B_i (A) 是

指参与者 i ($i=1$, 2) 相信 A 这个句子，所以 B_i ($A \wedge B$) 是指参与者 i 相信 A 和 B 这两个句子。[①]

我们定义“知识”为真的信念，因此，A 是一个知识就表示成 $A \wedge B_i$ (A) 这个形式。

森森 你是指 $A \wedge B_i$ (A) 代表 A 是真而且参与者 i 相信 A。

新月 对的。事实上，对于定义“知识”，欧洲哲学有非常久远的传统，它通常被定义为验证为真的信念。有关“验证”这个词的看法相当分歧，若想讨论这个问题，需要花很多的时间。我们在这儿就认定“知识”为真的信念。

半川 这我不在乎，因为它只是哲学而不是经济学或博弈理论的问题。

新月 现在，我们可以用 B_1 及 B_2 来说明我们的论点。首先，我们假设 $A \wedge B$，参与者 1 在句子 A 中考虑到 (B)，而参与者 2 在句子 B 中考虑到 (A)，他们相信他们分别是在给定 B 及 A 的情况下做决策，这些我们表示成 B_1 (B) 及 B_2 (A)。更进一步，参与者 1 及 2 分别相信句子 A 及句子 B，这可以表示成 B_1 (A) 及 B_2 (B)。将 B_1 (A) 及 B_1 (B) 结合起来，我们有 B_1 ($A \wedge B$)；相同地，我们也有 B_2 ($A \wedge B$)。

间占 您以 $A \wedge B$ 作为起始。为了完整 $A \wedge B$ 的意义，你需要假设 B_1 ($A \wedge B$) 及 B_2 ($A \wedge B$)，但是 B_1 ($A \wedge B$) 及 B_2 ($A \wedge B$) 的意义仍然不完整。为了使它们的意义完整，我们必须假设下一步，然后再下一步，然后再下下一步，如此等等。

新月 对的。下一步是增加 B_1B_2 ($A \wedge B$) 及 B_2B_1 ($A \wedge B$)，我们在式 (4.7) 里描述了这个过程。然后，我们将所有的式子表示如下：

$$A \wedge B,\ B_1(A \wedge B),\ B_2(A \wedge B),\ B_1B_2(A \wedge B),\ B_2B_1(A \wedge B),\ B_1B_2B_1(A \wedge B),\ B_2B_1B_2(A \wedge B),\ \cdots \tag{4.8}$$

① 符号 $\wedge$ 代表“和”的意思。 举例来说，$A \wedge B$ 就是说 A 和 B 都是真的。

这就指 $A \wedge B$ 是共同知识。

间占　这看来像是 $A \wedge B$ 是共同信念。嗯……加上第一个式子 $A \wedge B$，而且 $A \wedge B$ 是客观上的真，所以式（4.8）是指 $A \wedge B$ 是共同知识。我的理解对吗？

新月　正确。

半川　（似乎有些不以为然）谈论到无限递归，你们似乎都很高兴。若你们仔细地观察句子 A 及句子 B，它已经给出了一个定点，这个定点就是纳什均衡。

新月　对的。若希望从句子 A 及句子 B 观察行为结果的话，我们最好将论点说得更清晰些。假设 s_1 及 s_2 分别是句子 A 中的决策及预测，同时，它们也分别是句子 B 中的预测及决策，我们将 A 及 B 表示为 $A(s_1, s_2)$ 及 $B(s_1, s_2)$。你所说的是 $A(s_1, s_2) \wedge B(s_1, s_2)$ 将导致 (s_1, s_2) 是一个纳什均衡。

半川　这就是我想说的。

新月　总之，句子 A 及句子 B 的行为结果就是纳什均衡。然而，若不考虑 A 及 B 这两个句子的意义，而只在乎形式，我们就得到式（4.8）所描述关于信念的无限递归。

森森　但是式（4.8）有无穷多个公式，这是无法想像的，有没有比式（4.8）更方便的表达方式？

新月　有的。若使用共同知识逻辑，那么式（4.8）就可以用很精简的方式来表示。[①]共同知识逻辑有一个共同知识算子 C，式（4.8）在这个逻辑中可以用单一的公式 $C(A \wedge B)$ 来表示。

森森　用 $C(A \wedge B)$ 表示式（4.8）里的无穷多个公式，真是太方便了。

新月　从某方面来说，它是较为方便。但是，一般说来，也不见得。

森森　就像往常一样，一件事往往有好、有坏的层面，那么我们

---

① 关于共同知识逻辑，可参见本书第 162 页注释①提到的文章。

怎么样用它呢?

新月　首先，我们能够证明：

$$\vdash C(A(s_1, s_2) \wedge B(s_1, s_2)) \rightarrow C(Nash(s_1, s_2)) \quad (4.9)$$

第一个符号 $\vdash$ 是指在共同知识逻辑下，$\vdash$ 之后的叙述是可证的。简言之，若 $A(s_1, s_2) \wedge B(s_1, s_2)$ 是共同知识，则 (s_1, s_2) 是一个纳什均衡也是共同知识。式（4.9）的证明并不困难，这个叙述的反叙述在适当的条件下也是对的。反叙述的证明需要较长的论证，所以我们暂且不谈。

半川　我倒希望听听式（4.9）及其反叙述的证明，但是不证也就算了。

新月　我很抱歉，但是我可以告诉你有关你刚刚提出的看法。若我们专注于由 $A(s_1, s_2)$ 以及 $B(s_1, s_2)$ 所导出的行为结果而忘掉它们的知识面，则式（4.9）将成为下面的情形：

$$\vdash A(s_1, s_2) \wedge B(s_1, s_2) \rightarrow Nash(s_1, s_2) \quad (4.9')$$

但是与 $A(s_1, s_2)$ 以及 $B(s_1, s_2)$ 相关的知识面非常重要，要完全了解 $A(s_1, s_2)$ 以及 $B(s_1, s_2)$，我们不能忽略它们的知识面。

我们现在不仅要关心如何由 $C(A(s_1, s_2) \wedge B(s_1, s_2))$ 推导出 $C(Nash(s_1, s_2))$，我们也要讨论如何使用它，因为我们的目标是 $C(Nash(s_1, s_2))$ 而不是 $C(A(s_1, s_2) \wedge B(s_1, s_2))$。我要将我们的焦点集中在 $C(Nash(s_1, s_2))$，这样可以吗?

半川　将焦点集中在 $C(Nash(s_1, s_2))$，我没问题。

间占　我也同意。但是，教授，我有一个问题。

我接受由 $A(s_1, s_2)$ 以及 $B(s_1, s_2)$ 作为起始的决策判准不可避免地会牵涉共同知识，但这是指这个博弈是共同知识吗？到目前为止，您都没有论及这个博弈是否为共同知识这件事。

新月　间占，没有错，到目前为止，我们的讨论仅仅涉及决策判准以及如何由 $A(s_1, s_2)$ 以及 $B(s_1, s_2)$ 推导出 $C(Nash(s_1, s_2))$。关于博弈是共同知识这件事是否必要这个问题，我们用一个具体的例子来说明。

假设 (s_1^*, s_2^*) 是博弈 $g=(g_1, g_2)$ 的一个纳什均衡，为了要得到 $C(Nash(s_1^*, s_2^*))$，我们有必要假设 $g=(g_1, g_2)$ 的报酬函数是共同知识。

半川　不是必要是充分吧?

新月　你有时候也会问一些好问题。的确，我应当说，它不仅是充分条件，同时，也是必要条件。充分的部分表现在式 (4.10)，式 (4.10) 说明当博弈 $g=(g_1, g_2)$ 是共同知识时，(s_1^*, s_2^*) 是纳什均衡也是一个共同知识。这个证明并不困难，所以我也省略掉它。

$$\vdash C(g) \rightarrow C(Nash(s_1^*, s_2^*)) \qquad (4.10)$$

半川　必要的部分又如何呢?

新月　要很精确地讨论必要的部分比较困难，我们最好也省略它。

半川　(看来得意扬扬) 没问题。但是这样一来，您几乎就省略掉所有的东西。

新月　非常抱歉。

森森　教授，我有另外一个问题。您假设了许多不同的条件是共同知识，这是说这两个参与者对于这些条件的想法相同，但是正常说来，不同的人往往有不同的想法。举个简单的例子，新月教授 I 的想像力一定不同于真正的新月教授，所以说，将共同知识作为假设这件事没问题吧?

新月　这就是魔芋对话。

森森　这怎么说呢?

新月　我来解释它跟魔芋对话的关系。假设 $C(Nash(s_1^*, s_2^*))$ 在参与者 1 的心中以符号表示的话，就是 $B_1(C(Nash(s_1^*,$

s_2^*))),这表示参与者 1 相信 $Nash(s_1^*, s_2^*)$ 是一个共同知识。但是从客观的角度来说,$Nash(s_1^*, s_2^*)$ 是一个共同知识这件事不一定正确。参与者 1 的决策判准不是 $C(Nash(s_1^*, s_2^*))$,而是 $B_1(C(Nash(s_1^*, s_2^*)))$,因此,式 (4.10) 的前提应该改为 $B_1C(g)$,也就是式 (4.10) 应当改写成式 (4.11):

$$\vdash B_1 C(g) \rightarrow B_1 C(Nash(s_1^*, s_2)) \tag{4.11}$$

换句话说,在参与者 1 的心中,他得到了式 (4.11)。

森森 这与魔芋对话相关吗?

新月 好的,我来解释得更清楚些。我们假设参与者 1 认为他在执行囚徒困境博弈 g^1,而且他相信 g^1 是他与参与者 2 之间的共同知识;然而,参与者 2 认为他们正在执行两性战争博弈 g^2,而且他相信 g^2 这个博弈是共同知识。注意,(s_{12}, s_{22}) 这个策略组合对于 g^1 或 g^2 这两个博弈而言,都是纳什均衡,所以这两个参与者都相信 (s_{12}, s_{22}) 是纳什均衡这件事也是共同知识,虽然他们认为是共同知识的博弈其实不是。这可以表现成式 (4.12):

$$\begin{aligned} &\vdash B_1 C(g^1) \wedge B_2 C(g^2) \rightarrow \\ &B_1 C(Nash(s_{12}, s_{22})) \wedge B_2 C(Nash(s_{12}, s_{22})) \end{aligned} \tag{4.12}$$

注意,我们知道博弈 g^2 有另外一个纳什均衡 (s_{11}, s_{21}),因此,这将使得参与者 2 的决策制定产生微妙的问题。但是若我们将 g^2 换成另外一个只有策略组合 (s_{11}, s_{21}) 是纳什均衡的博弈,就没问题了。

间占 嗯……在式 (4.12) 中,这两位参与者都误解了真正的状况。每一个参与者都知道他们正参与一个博弈,但其实他们想像中的博弈并不相同。此外,每一个参与者又都认为他所参与的博弈是共同知识。纵使在这些误解之下,这两位参与者还是得到相同的结论。我同意您所说的,这就是魔芋对话，但是真正的博弈是什么呢？

新月 的确，到底什么是真正的博弈，我们需要弄清楚。假设表 4.4 中的 $g^4=(g_1^4, g_2^4)$ 是真正的博弈，我们将 g^4 加入式（4.12）这个式子的左手边，因为（s_{12}，s_{22}）也是 g^4 的纳什均衡，则式（4.12）的右手边可以被 *Nash*（s_{12}，s_{22}）是共同知识所替代，所以我们得到式（4.13）：

表 4.4 $g^4=(g_1^4, g_2^4)$

1 \ 2	s_{21}	s_{22}
s_{11}	0，0	0，1
s_{12}	1，0	3，3

$$\vdash g^4 \wedge B_1C(g^1) \wedge B_2C(g^2) \to C(Nash(s_{12}, s_{22})) \qquad (4.13)$$

间占 策略组合（s_{12}，s_{22}）刚好也是真正的博弈的纳什均衡，这和六兵卫在魔芋对话的故事里赢过和尚这件事非常相似。

森森 两个参与者想着不同的博弈，但是所得到的结果却与真正的博弈的纳什均衡相同，这实在太巧了！那么，在魔芋对话的故事里对应 g^4 那个博弈又是什么呢？

新月 嗯……这该怎么说呢？在魔芋对话中，每一个参与者赋予姿态自己的诠释，但是姿态原来并没有什么实质的意义。我知道了！或许魔芋对话和式（4.13）还是有些不同，等一下，这不是语言本质上的问题吗？真理无法离开人而单独存在，我必须要很慎重地考虑这个问题。

森森 我也会考虑这个问题。现在，我还有另外一个问题。

新月 好的，不过只能问一个问题，我已经有点饿了。

森森 这是个简单的问题。根据您的解释，每一个参与者所想的和其他参与者所考虑的并不一样，甚至他们所考虑的事在客观上也并不正确，这是否与共同知识有关？

新月　不，我不这样认为。我刚刚用做例子的决策判准 $A \wedge B$，很自然地它需要假设共同知识。当一个决策者依据某个给定的决策判准做决策时，一定要有一致的行为。比方说，参与者 1 很单纯地假设参与者 2 都选择，就说第一个策略吧，参与者 1 在这个假设下最大化他的报酬，他不一定要考虑他的对手如何制定决策。

森森　嗯……参与者 1 不需要假设参与者 2 一定会最大化自己的报酬，这个论点不坏，因为参与者 1 无法看穿参与者 2 的内心。那么，一个决策判准也不一定要求报酬最大化，对吗?

新月　对的，不一定需要。

森森　那么，我可以将您的论点修改得更简单一些。我不考虑其他的选择，永远选择第一个策略，这样的判准也会使得我的决策非常一致。

新月　哈哈！你真聪明。这也是一个可能的决策判准，这就是所谓的内定决策判准（default decision criterion）。永远选择第一个策略是这个参与者的绝对律令，他不在乎其他参与者，甚至对自己的效用也完全不考虑，这种选择就不需要共同知识，也不需要考虑报酬最大化。

森森　一个人若根据内定决策判准做决策，那他就不需要思考，依据这个决策判准做决策太简单了。从现在起，我将使用内定决策判准。

半川　（非常不快）愚蠢，真是非常愚蠢。若你采用这样的方式来考托福，你只会得到总分的 1/4 或 1/5，那么美国任何一所学校都不会录取你。你难道是用这样的方式在这个学校通过考试的吗?

森森　是的，偶尔，但也不是经常这样。

新月　的确，如果你老是用内定决策判准，人们或许会说你是个笨蛋，但从博弈理论的观点，这难道不也是一种聪明吗?

半川　（生气了）在我们的行业里，我从来没听过这样愚蠢的事情。

博弈理论应该是研究一个理性的人的行为，若我们只是谈论这些愚蠢的事，外国的学者会说日本的博弈理论学家是“废物”。

新月　你说得对。我就是一个“废物”的好、可能也是坏的例子。

半川　作为积极从事研究工作的博弈理论学家，我们追求理性也应当理性，因此，我们要使用高水平的数学。在允许使用混合策略的假设下，我们昨天讨论了纳什均衡的存在性定理，我们应该讨论这样高水平的数学。

新月先生，您似乎喜欢存在性的问题，因为您曾经引用某人“存在就是一个挑战”这句话。现在，我建议在更一般化的形式之下讨论纳什均衡存在性的证明。

新月　精确些，马洛里是说“它的存在本身就是一个挑战”。

半川　好吧，就修正一下吧。除非存在性得以证明，我们甚至不知道每一个参与者是否可以选择均衡策略，所以我们应当先考虑存在性的证明。

新月　你的问题一定相当困难，但是我已经非常饿了，我们吃午餐去吧！半川先生，在你回东京之前还有一些时间吧，对吗？下午，你可以谈谈在允许使用混合策略之下纳什均衡的存在性。

半川　没问题。我大约在三点钟离开，所以我们还有一些时间。

这四个人离开舞台

第四场 混合策略

午饭后，他们回到舞台

半川 比起东京的任何一个地方，这是家价格非常便宜的餐厅，品质当然不怎么样。

新月 没那么糟糕吧，对吗？好了，现在你准备谈，在允许使用混合策略的情况下，纳什均衡存在性的证明，没错吧？

半川 没错，我们昨天提到纳什证明了纳什均衡的存在性。我没有读过纳什的原文，所以我并不清楚这篇文章的内容，不过，很多教科书都有提到他的证明。我先来解释它。

对于有限博弈的情况，这个证明相当简单，所以并不太有趣。有限博弈是指参与者的个数以及每一个参与者的纯策略数目都是有限个。若是仅允许使用纯策略，纳什均衡就不一定存在，像钱币配对这个森森先生昨天指出的博弈就是一个例子。

间占 对的。你现在可以谈存在性的证明了吧！

半川 我们将纯策略的集合扩增到混合策略的集合。当每一个参与者使用混合策略时，这个参与者的报酬就是由期望报酬来决定，在这样的扩增之下，我们就可以利用布劳威尔或角谷的不动点定理来证明纳什均衡的存在。[①]

间占 讲到目前为止，都还是教科书标准的内容。

新月 但是先让我澄清一些事。一个混合策略是指一个作用在所有纯策略的概率分布，所以每一个参与者在做决策之前会先计算组成这个混合策略的每一个纯策略的概率以便最大

---

① 请参见：Myerson RB（1991）*Game theory：analysis of conflict.* Harvard University Press，London。

化他的期望报酬。

半川　正确。有哪些事情您还不清楚？

新月　不，我只是确认我的理解正确与否。那么，一个参与者如何确实地使用混合策略呢？

半川　您的意思是什么？

间占　（微笑着）我来回答好了。比方说，在表 4.2 两性战争博弈中，参与者 1 将采用混合策略（2/3，1/3），但在实际运作时，他仍然只能使用纯策略 s_{11} 或 s_{12}。

新月　我希望你能再多解释一些。反正每一个参与者最终都只能使用纯策略，对吗？混合策略（2/3，1/3）是说最终使用 s_{11} 的概率为 2/3，使用 s_{12} 的概率为 1/3。我的问题是，怎么生出这个（2/3，1/3）的概率分布？

半川　我还是不太了解您的问题，你是问我怎么生成这些概率分布吗？

间占　（侧目注视着新月）你丢掷一个骰子，当 1 到 4 出现时，你使用 s_{11}；当 5 或 6 出现时，你使用 s_{12}。当然，参与者 1 在丢掷骰子时，参与者 2 不能在旁边观察。您接下来会问如何生成一个更复杂的概率分布，比方说（2/13，11/13），是吗？教授。

新月　对的。

半川　那我可不可以丢掷一个 13 面的骰子呢？有这样的骰子吗？

间占　2/13 仅仅是用来做个例子，它可能是 12/23 或 23/100。

半川　我了解，光使用一个骰子并不是一个好主意。

间占　比方说，你可以在一个瓮中里装 13 个球，在其中的两个写上“赢”，然后你由瓮中选出一个球。对任何一个分数，我们都可以用这种办法来设计出概率分布的生成器。

森森　当这个概率是 12341/100000 时，难道我们就需要使用 100000 个球吗？

间占　嗯……对啊，因为 12341/100000 是不可约分的。

半川 （耸耸他的肩头）我们应该感兴趣的是理论的问题，谁会在乎使用混合策略时需要多少个球呢？

新月 我就在乎。

半川 我并没有问任何的问题，您不要抓我语病。

总之，当允许使用混合策略时，我们就能够证明纳什均衡的存在。但是当纯策略是连续集（continuum）而且报酬函数是连续、拟凹的时候，我们甚至不需要要求混合策略也能够证明纳什均衡的存在，所以忘记这100000个球吧。然而，当报酬函数不是拟凹或不连续的时候，我们还是需要混合策略这个条件才能证明纳什均衡存在。这个证明使用了强而有力的数学工具，那是个漂亮而且让人振奋的定理。

森森 若报酬是一个连续集时，我们也有类似纯策略的集合是一个连续集所产生的问题。比方说，当报酬的分数部分是12341/100000，你如何支付这样子的一个数字？

半川 你问了一个恐怖的问题！

新月 对的，抱歉，我不是同意你，半川先生，我是同意森森所提出的问题。

半川 （发出极小的声音）这些人真是非常刻薄。

新月 你在说什么？

半川 我没说什么。

新月 好吧！从头开始。将任何一个集合表示成连续集是处理逼近的理想办法。当然，一个真正的问题一定是有限的。

半川 你是说一个连续集不真实吗？真是可笑。任何一本经济学教科书上的商品空间基本上都是连续集，通常为了某种目的，我们会用一个有限集来逼近它。然而，现实的状况一定是一个连续集。

新月 因为这是一个非常重要的问题，我应当多花些时间来解释它。任何财货及钱财一定都有最小的基本单位，若我们如实地接受这个观察，则商品空间一定是离散或有限的。那么，你就无法使用标准的数学技术，尤其是数学分析这个手法，因此，我们使用连续变量来逼近这些商品空间。

森森 根据您的说法，我们最好假设所有的商品空间都是离散的。

新月 当然，假设合适的话，我们也可以用连续集来逼近它。

森森 啊……我们最好……假设合适的话，这不是同义反复吗?

新月 事实上，要判定是否合适并不是那么简单，我来解释一下。假设最小的基本单位与问题的数量相比小到可以忽略，比方说，一个家庭每一个月花费的金额超过1000元，最小的钱币单位是分，所以这个最小的基本单位小于或等于一个月花费的1/100000，这是一个非常小的量，我们可以将它忽略。从这个意义来说，我们可以忘记这个最小单位而将钱视为一个连续变量。

间占 教授，半川先生说，经济学将连续集视为基础而将有限的情形视为一个逼近的结果。

新月 确实，经济学及博弈理论还没发展到可以关照这么基本的问题。

半川 又来了，您又得到这个结论。

新月 无论如何，有时候我们利用连续集来逼近比较好，有时候我们利用离散变量来逼近比较好。比方说，一个家庭选择住所的问题最好用0或1来作为变量，但是像钱这样的财货，可以将它当成是一个连续的变量。

半川 您关心什么时候可以用有限集来逼近，什么时候不能。为了祛除这种烦恼，我们需要一个能够同时处理连续集以及有限集的一个一般化模型。

新月 但是在这种一般化的模型中，你只能得到均衡点存在或帕累托最优这种抽象的结果，我听到这样子的结果就觉得厌烦。

半川 无论您是否厌烦，人们正是在这些问题上努力。

间占 让我们回到起始点。今天早上，半川说“除非存在性得以证明，我们甚至不知道每一个参与者是否可以选择均衡策略”，我认为这是很合理的说法，但是我们有一个更细致的问题。均衡点存在的证明是由博弈理论的研究者所完成，但是均衡策略的选取却必须由博弈理论中的参与者来决定。

半川 没有错。这里我们假设参与者与研究者是同一群人，所以他们证明了存在性，然后选择构成均衡点的策略。

间占 那是博弈理论典型的思考方式，但是最好能够将参与者的观点和外在研究者的观点分开。

半川 但是只要纳什均衡存在，我们就能够选择一个均衡策略，我无法理解为什么要将参与者与外在的研究者分开。

新月先生，您认为对于财货或金钱，连续集可以用来逼近有限的情形。由于概率可以很自然地用实数表示，所以概率的集合是一个连续集，若是我们考虑一个有限集的概率，它一定可以逼近连续集。

森森 半川先生，你怎么处理诸如12341/100000这么一个复杂的概率？你难道准备了100000个或更多的球？

半川 你重复了相同的问题。

新月 哈哈哈！我将问题写在黑板上：

（ⅰ）均衡策略的存在并不必然导致参与者可以找到均衡策略；

（ⅱ）纵使一个参与者找到了均衡策略，我们仍然有如何生出概率分布这个问题。

半川 假使均衡策略存在，一个理性的参与者能够找到均衡策略，这难道不对吗？

新月 如果“理性”的意思就是“若均衡策略存在，则均衡策略就可以找到”，那当然没问题。

森森 这是我最喜欢的同义反复。

新月 这样的话，理性的内涵就有问题。我不希望假设“理性”就是指参与者精明能干、无所不能。我们应该讨论什么事情是参与者能做的，什么事情是他们不能做的。

半川 您可否更精确地说明您的想法？

新月 我个人认为应该将混合策略从博弈理论中完全地拿掉。不过此刻，在假设使用混合策略可以接受的情形之下，我们继续讨论。

半川 一个人应当用最为便利的方式来写文章，这是我个人的看法。但是我愿意听听你们的讨论，希望这其中有对我写文章有所助益的想法。

新月 很好！首先，对（i）这个问题，我们需要一个演算法。对于允许使用混合策略的两人零和博弈，我们可以利用线性规划的单纯形法（simplex method），也就是使用算术的四则运算 +、-、×、÷以及不等号≤，就可以在有限的步骤之内得到纳什均衡。因此，知道这种演算法的参与者就能找到纳什均衡点，这个演算法可以推广到任何的两人博弈。

间占 假如我没记错的话，对于任何允许使用混合策略的两人博弈，我们可以用 Lemke-Howson 演算法找到纳什均衡。[①]但是我从没听过这个演算法可以推广到对于任何参与者超过两人的博弈。

半川 对于任何参与者超过两人的博弈，一定存在一种演算法可以用来计算它的纳什均衡，因为我们已经知道了纳什均衡的存在。

新月 但是我们可以轻易地证明这种演算法并不存在。

间占 真的吗？我还是第一次听到这样的事。

新月 考虑一个三人博弈，其中的每一个参与者都有两个纯策略，请见表 4.5 及表 4.6，表 4.5 表示参与者 3 选择 s_{31} 这

---

① Lemke-Howson 算法是线性规划的一种方法，可参见：Rosenmüller J（1981）*The theory of games and markets*. North-Holland，Amsterdam。

个策略时，各种可能的报酬状况；表4.6表示参与者3选择s_{32}这个策略时的各种可能的报酬。比方说，他们的选择是（s_{11}，s_{21}，s_{32}）时，报酬是（2，0，9）。

森森　那这个两人博弈的纳什均衡是什么呢？

表4.5　参与者3　s_{31}

1 \ 2	s_{21}	s_{22}
s_{11}	0，0，1	1，0，0
s_{12}	1，1，0	2，0，8

表4.6　参与者3　s_{32}

1 \ 2	s_{21}	s_{22}
s_{11}	2，0，9	0，1，1
s_{12}	0，1，1	1，0，0

新月　若是允许使用混合策略的话，这个博弈只有一个纳什均衡。让p，q，r分别代表参与者1，2，3选择s_{11}，s_{21}，s_{32}的概率，在纳什均衡时，这些概率分别是：

$$p=(30-2\sqrt{51})/29,\ q=(2\sqrt{51}-6)/21,\ r=(9-\sqrt{51})/12 \tag{4.14}$$

森森　教授，您是怎么计算出这些数字呢？

新月　计算式（4.14）是经过冗长但有趣的运算得来的。首先，我们假设这些参与者确实分别使用混合策略（p，$1-p$），（q，$1-q$）以及（r，$1-r$），其中$0<p<1$，$0<q<1$，$0<r<1$。在均衡状态以及给定其他两个参与者的混合策略后，第三个参与者使用任何一个纯策略的期望报酬应该相同，利用这个事实，我们可以同时得到三个二次方程式，求出这三个方程式

的解，我们就得到式（4.14）。

至于证明唯一性，我们考虑其他各种可能的策略组合，然后证明这些策略组合都不是纳什均衡。这个证明十分冗长、琐碎。

半川　但是这仍然可以计算，理性的参与者应当毫无困难地得到式（4.14）。存在性的证明才是真正的问题。

新月　你们应当注意式（4.14），一般说来，它暗示着没有任何一个演算法可以得到纳什均衡。

半川　但是您计算出了式（4.14），不是吗？

新月　我应该逐步地解释我想表达的意思。想想线性规划的单纯形法，它只使用了算数的四则运算 +、-、×、÷以及不等号≤。因为表4.5 及4.6 中的数字都是整数，所以不论我们使用多少次四则运算，我们得到的都是有理数。而式（4.14）中的三个概率都是无理数，因此，没有一个演算法能在有限次的步骤之下得到纳什均衡。

半川　但是，新月先生，您解了方程式并且得出写在黑板上的式（4.14），您一定有一个演算法。

新月　在式（4.14）中，除了算数的四则运算 +、-、×、÷外，我也使用了根号$\sqrt{\ }$。在代数里，一个多项方程式的根可以在有限次使用算数四则运算及任何次数的根号$\sqrt{\ }$得到，我们就称这个多项方程式代数可解。Abel-Galois 定理证明某些五次多项方程式不是代数可解。[①]但式(4.14）在这个意义之下可解。

间占　表4.5 及4.6 所描述的三人博弈的纳什均衡可以用代数描述，这个现象在所有的三人博弈都对吗？

新月　不，这不一定。当一个三人博弈的纯策略的个数增加时，

---

① 请参见：Herstein IN（1964）*Topics in algebra.* John Wiley and Sons，New York。

所牵涉到的无理数远远比五次多项方程式更为复杂。

间占 难道博弈理论牵涉到这么困难的代数问题吗?

新月 是的，确实如此，假如我们考虑的是允许使用混合策略的均衡。原则上，我们是有可能找出所有有限博弈的均衡策略，但是这需要在实数系统上使用较深的数学来处理，我不认为现在是讨论这个问题的时候。

我想要指出两个事实。首先，半川先生，你似乎一直认为存在及计算是同一回事，我将借由证明某些存在性定理来说明实情并不如此。在这之后，我希望能再讨论概率如何生成。

半川 我们终于可以讨论存在性的定理了，您将使用角谷不动点定理还是其他的不动点定理呢?

新月 不，我不准备使用这些困难的技巧。我先将这个存在性定理写在黑板上，然后，我要在四行之内证明它。

> 定理：存在两个无理数 a 及 b（有可能相同）使得 a^b 是有理数。

半川 这有些蹊跷。嗯……但是这个定理的叙述没什么问题。

间占 您能够在四行之内证明这个定理？这个，我倒想知道。

新月 我将这个证明写在黑板上：

> 证明：考虑$\sqrt{2}^{\sqrt{2}}$，我们分成两个情况。
>
> Ⅰ：若$\sqrt{2}^{\sqrt{2}}$是有理数，则我们定 $a=b=\sqrt{2}$。
>
> Ⅱ：若$\sqrt{2}^{\sqrt{2}}$为无理数，我们定 $a=\sqrt{2}^{\sqrt{2}}$，$b=\sqrt{2}$，
>
> 则 $a^b=(\sqrt{2}^{\sqrt{2}})^{\sqrt{2}}=\sqrt{2}^{\sqrt{2}\times\sqrt{2}}=\sqrt{2}^2=2$。

间占 嗯，您的确证明了它。情况Ⅰ及Ⅱ互相排除而且包含所有的可能，此外，在这两个情况下的 a，b 都是无理数，所以我们得到这个存在性的定理。

半川 您的证明没错，这不是一个困难的证明。

间占 但我还是觉得有些奇怪。

半川　但是这的确证明了存在性。

间占　情况 I 及情况 II 的 a 不同，这个使我困惑。我们不知道到底是情况 I 还是情况 II 的时候对，我认为情况 II 才对，因为$\sqrt{2}^{\sqrt{2}}$一定是个无理数。

森森　我知道了。a 在情况 I 是$\sqrt{2}$，a 在情况 II 是$\sqrt{2}^{\sqrt{2}}$，这样，我们就得到存在性的证明了?

新月　这个证明的问题就在这里。任何一种情况，我们都得到存在性的结果，然而，这个证明并没有说明哪一种才是我们真正要的。

关于纳什均衡的存在性，我们也有类似的问题。我们证明了纳什均衡的存在，但是这个定理或者证明过程是否给出清楚的纳什均衡则又是另一个问题。假如我们无法给出一个清楚的纳什均衡，则参与者们就没法使用均衡策略。

半川　但$\sqrt{2}^{\sqrt{2}}$一定是个无理数，就如间占先生所说，因此，情况 II 才是我们要的。

新月　的确，$\sqrt{2}^{\sqrt{2}}$不单是个无理数，它同时也是个超越数。

森森　一个超越数？它听起来真是非常超越。

新月　一个 n 次有理系数的多项方程式的根叫做代数数，一个不是代数数的数就叫做超越数。①

半川　既然任何一个超越数一定是无理数，而$\sqrt{2}^{\sqrt{2}}$又是一个超越数，所以$\sqrt{2}^{\sqrt{2}}$是无理数，情况 II 就是我们要的。

新月　半川先生，你用了一个非常好的三段论推理。然而，为了得到这个结论，你应当证明两个前提，大前提是：任何一个超越数都是无理数，这可以很快地证明。但是要证明$\sqrt{2}^{\sqrt{2}}$是超越数这个小前提，则花了 30 年的时间。1900 年，希尔伯特在巴

---

① 该理论请参见：Anglin WS，Lambek J（1995）*The heritage of tales*，Section 23. Springer，Berlin。

黎提出了23个数学问题，这个问题相当于其中的第7个数学问题：证明$2^{\sqrt{2}}$是超越数。这个问题约在20世纪30年代完全解决，差不多花了30年的时间。

间占 30年！那么纵使参与者是一个极端聪明的数学家，他也不能因为一个存在性的结果就能马上给出一个特定的策略。顺便问一下，谁给出写在黑板上的证明呢？

新月 我不知道，[①]这个例子通常用来说明古典数学和建构数学的不同。古典派的数学家接受黑板上的证明，但是因为没有明确说明a是什么，这样的证明并不被建构式的数学家所接受。直觉主义是建构数学的一个派别，找个时间我们来谈谈直觉主义学者以及经济学家或博弈理论学者使用“直觉”的区别。

间占 可以使用建构的方式，在允许混合策略的情况下，证明均衡点的存在吗？

新月 就我所知，我认为可以。[②]因为建构式的数学家不允许抽象的论证，他们要求所有的论证都要非常的具体，所以这个证明相当困难，而且通常需要冗长的步骤。

半川 我知道了，从写文章的观点，建构数学似乎不是一个方便的工具。但是我们已经有一个使用建构式的办法得到的存在性证明，还有其他的问题吗？

新月 你应该想想我们讨论的含义，纵使是数学，我们对于基本原理也有许多不同的阐述，这意味着“理性”也不是只有一种说法。当我们说一个参与者有比较少的“理性”时，可能有很多的含义。因此，假设参与者是理性，我们就说

---

① 就作者所知，最早的文献见于：Dummett M（1977）*Elements of intuitionism.* Clarendon Press，Oxford。书中第九页记载这个定理是Benenson所写。

② 就古典派的逻辑观点而言，这个事实的概述可参见以下工作论文：Mere and specific Knowledge of the existence of a Nash equilibrium，IPPS-WP No. 741，University of Tsukuba（1997），读者若有兴趣可与作者（kaneko@ sk. tsukuba. ac. jp）联络。不过从建构学派学者的观点来看，该篇文章并没有解决这个问题。

“均衡点存在就可以算出均衡策略”，这种论调并不恰当，我们必须清楚地指出参与者具有以及不具有的能力。

森森　这听来好像与您几天前谈的托尔斯泰定理相关，但我记不起来了。

新月　那是：“幸福的家庭或多或少相似，每一个不幸的家庭都有它特有的不幸。”[①]你怎么会将这件事与理性联结在一起呢？

森森　我是这样想的：“每一个理性的思考或多或少相似，比较不理性的思考都有它特有的不理性。”

半川　你们在说什么？

新月　没错！森森，理性是有许多个层面，完全理性是指每一个层面都非常完美，所以完全理性几乎可以唯一界定。但“比较少的理性”意指某些或者许多层面不完美，所以可能的组合就非常多。

那么，我们应当讨论另外一个问题了吗？

半川　另一个问题？我已经累了，但是我可以再忍耐一段时间。

新月　让我们回到表 4.5 及 4.6 那一个三人博弈。你们是如何生出式（4.14）中 $p=(30-2\sqrt{51})/29$ 这个概率呢？

半川　这个概率是一个无理数，我不知道您怎么能生出这样一个古怪的问题？

森森　纵使是一个理性的参与者也无法生出这样一个“无理的”数的概率，因为他是理性的，对吧！

间占　严肃一些，森森。因为 p 是一个无理数，它无法表示成一个分数，因此，我们无法使用类似于生出像 12341/100000 这个概率的方法来生出它，那我们该怎么做呢？

新月　事实上，我们只要设计一个能生出像 1/10 这样的概率的机制就够了。

森森　那简单！我们准备一个能装 10 个球的瓮，将球标上 0 到 9

① 请参见第三幕第二场。

这些数字，然后，从这个瓮中取出一个球，那取出的每一个球的概率就是 1/10。但是您如何能由这个机制生出一个无理数的概率呢?

新月 我们需要适当地、重复地从瓮中挑出一个球。首先，将 p 表示成一个十进位的小数 $p=0.54197\cdots$。我们用下面的方式来决定策略 s_{11}。

从瓮中取出一个球，若球的数字介于 0 到 4 之间，我们用策略 s_{11}；若数字介于 6 到 9 之间，我们就用策略 s_{12}；若取出的球的数字是 5，就将球丢回瓮中继续第二次的抓取。我们将这过程用表 4.7 表示。第二次抓取的规则与第一次相似，若取出的球介于 0 到 3 之间，我们用策略 s_{11}；若取出的球介于 5 到 9 之间，我们就用策略 s_{12}；若取出的球的数字是 4，就将球丢回瓮中继续第三次的抓取，将这个过程持续。采用这样的一种方法，我们就能够生出使用策略 s_{11} 的概率是 $p=0.54197\cdots$。

表 4.7

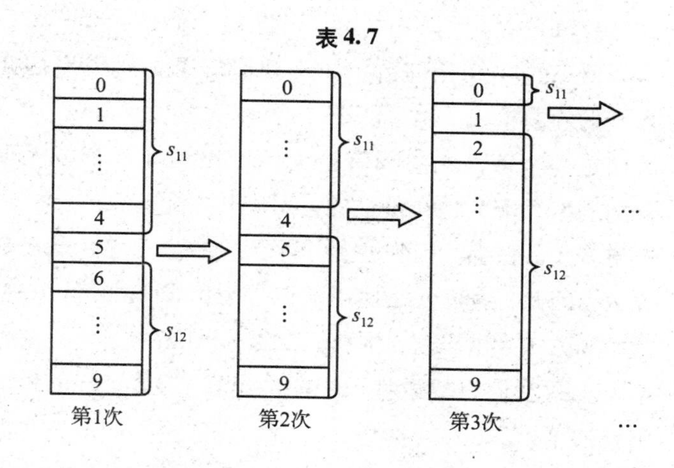

森森 真的吗? 让我算一算。在第一次的抓取中，我们选用 s_{11} 的概率是 5/10，产生第二次抓取的概率是 1/10；在这个情形

下，第二次抓取得到 s_{11} 的条件概率是 4/10，所以第二次抓取后，使用 s_{11} 的概率是 $1/10\times4/10=4/10^2$；相同地，产生第三次抓取的概率是 $1/10^3$。因此，使用 s_{11} 的概率是

$$5/10+4/10^2+1/10^3+9/10^4+\cdots$$

这个无穷级数的和就是 $p=0.54197\cdots$。

间占　你还是像平常一样非常精于计算。在这个过程中，需要第 $n+1$ 次抓取的概率是1/10，因此，这个过程在有限次数后就结束的概率是1，这意指着使用 s_{12} 这个策略的概率是 $1-p$，所以参与者 1 就可以利用这个生成方式使用混合策略 $(p, 1-p)$。

森森　嘿！那么若希望生成 12341/100000 这个概率，我们就不需要 100000 个球，我们只要使用这个方法，重复五次从瓮中取球的动作就可以了，因为它可以写成 $1/10+2/10^2+3/10^3+4/10^4+1/10^5$。

间占　没错，森森，我们不需要 100000 个球。

半川　我对这个方法很满意，因为它可以生出任何有理数和无理数的概率。因此，博弈理论就再也没有如何使用混合策略的问题了，所以如何使用布劳威尔或角谷的不动点定理来证明均衡点的存在才是我们真正的问题。

新月　嗯……我上面的说明并没有指出可以使用混合策略。

（注视着他的表）噢，半川先生，差不多三点钟了。

半川　对的！差不多是离开的时间了。我今天学习到很多，比方说，我现在可以合理化地使用混合策略；当我们假设参与者是理性的时候，任何一种概率的生成都没有问题。我也很高兴听到，纵使从建构式的角度而言，纳什均衡的存在也不是一个问题，从此我可以用这一个方式来为我的文章辩护。

关于这两天的讨论，我非常感谢，我将会很快地再来拜访。

半川很快地离开了舞台

第五场 静态均衡

森森在幕布前喃喃自语

森森 我们这两天讨论了这么长的时间，但是还没有结束呢！这些人还真是喜欢讨论，我还在想应该回家以便准备跟女朋友的约会。假如我变成像新月教授或间占先生那样，我有些担心我的女朋友可能会不理我。我能够理解为什么间占先生到现在还没有结婚了，虽然他很努力地想要有个女朋友。新月教授虽然结婚了，但一定也有类似的问题，他太太可能已经离开他了。我自己一定要非常小心，所以一定要依照 TPO[①] 的建议来着装赴会。

(*朝向观众的方向看着*) 再说，你们看过《美丽心灵》这部电影吗？这部电影使得博弈理论广为人知，所以它鼓舞了一些博弈理论的专家以及研究生。对于这样的发展，其实我也非常高兴。倘若大家都知道博弈理论这门学问，我也比较容易找到工作。

但是我不喜欢电影中的那些研究生，他们相互竞争，而且活在自己狭小的世界里。那些与我研究领域相同的研究生，就像电影中所描述的一样，他们都很聪明、能干、博学，但是也非常无趣，我猜半川先生就是其中之一。我怀疑新月教授年轻时就像他们一样，他的名字“Kurai”[②]几乎就说明一切了。

半川先生的演讲并不成功，显然地，他和这里的人在看法上有些差异。但是我景仰半川先生，因为他曾在美国读

---

① 即时间（Time）、地点（Place）和场合（Occasion）的字头缩写，意指根据不同情形选择合适的着装。——译者注

② Kurai 在日文中有黑暗、阴暗的意思。

书，能说一口流利的英文，而且长得又好看，尤其是他已经有一篇文章在《理论经济学期刊》发表。我的思绪是否有些乱呢?

幕布拉开，新月及间占出现在舞台上

新月　森森，我听到你在喃喃自语，还好吧?

森森　没事，我很好。事实上，我正在和某些人说话。

间占　不要老是说些无聊的话。这样吧，虽然我们这两天有很多的讨论，或许因为半川给了太多额外的评论，使得讨论并没有太多的进展，我们仍然还没触及到问题的核心。的确，对于他最后的注解，我非常地惊讶，他甚至不了解您的意图，教授。这是魔芋对话吗?或者，它更像《罗生门》?

新月　这是他的个性，无法改变的。

间占　我们还没有讨论到黑板上所写的（b），关于纳什均衡稳定静态的诠释。教授，您怎么看这件事呢?

森森　嘿，我们要马上回到这样子的讨论吗?

间占　我们还有其他可以讨论的事吗?啊，我说话已经开始像半川了。

新月　但是关于纳什均衡稳定静态的诠释，并没有太多可说的。

间占　我认为还是有些可以讨论的东西。近来，有很多关于演化博弈理论的研究，从稳定静态的角度来诠释纳什均衡与这些研究相关。要是您不喜欢讨论演化博弈理论，我可以说说我的想法。

新月　没问题，请说吧。

间占　我认为有三个问题应该考虑。首先，从古典的角度来诠释均衡，这个非常重要，您已经解释过很多次了。[1]其次，由于文献的关系，我以重复博弈作为一个补充。最后，由演

---

① 请参见第三幕。

化博弈理论的角度来诠释纳什均衡。

森森 很好，请你解释。

间占 您重复地谈论完全竞争市场，这个市场的均衡是以静态来诠释。现在，我来解释在古诺模型下的均衡。

在古诺的模型中，若厂商的个数是两个或更多而且在重复运作的情形下，纳什均衡被认为是一个稳定的静态。因为市场重复地运作，每一个厂商借由过去的经验而了解其他厂商的行为。一旦一个厂商知道其他厂商的行为模式，这个厂商就有最优化自己利润的可能。其他的厂商也会有相同的想法及行为，在这样重复的互动下，稳定的静态就是纳什均衡。

新月 或许，我对这样的说法应当提出两点评论。在你所描述的情况中，纳什均衡可能只是稳定的静态中的一种，它不见得一定产生纳什均衡。当厂商的个数很少的时候，各种各样的行为模式都可能发生，比方说，在这个情形下，勾结或其他与纳什均衡不同的行为可能发生。当厂商的个数很多时，那结果就比较有可能是纳什均衡，这可以比拟成完全竞争或是我们几天前讨论过的大城市的状态。

间占 对的。那您另外一点评论是什么呢?

新月 另一点评论与从执行前决策的角度来诠释纳什均衡有关。一个博弈重复了许多次之后，每一个参与者累积了经验，然后，他借由这些经验可以思考这个博弈的结构。一旦他对这个博弈的结构有了看法，他就可以依照心中所建构起的看法从执行前的观点来做决策。所以当一个参与者重复一个博弈多次且了解博弈的结构后，由执行前决策的角度来谈纳什均衡就有了可能。因此，稳定静态的诠释与执行前决策的诠释相关。

间占 嗯……您的意思，我了解了。同时，您不认为重复博弈的手法值得重视的理由，我也清楚了。

就像您常常指出的，[1]我们可以将重复博弈的手法视为情境一直重复的一个大博弈，在这个情况下，我们又回到从执行前决策的角度来诠释纳什均衡。这样一来，我们就没法观察到这两种诠释的关联。

新月　我很高兴你渐渐了解执行前决策的诠释及稳定静态的诠释之间的关系。

间占　我的第三个问题是诠释演化博弈理论的纳什均衡。在我们这一行，很多人认为演化博弈理论的手法很合适用来考虑重复的情境，您如何看这件事呢？

新月　这是另外一件头痛的事。因为在演化博弈理论中，“参与者”这个概念并没有清楚地界定，这个概念在生物演化理论中反而更清楚些。

在生物学的演化博弈理论，一个策略，也就是一个行为模式，是由基因来界定。此外，每一个参与者被界定为一个策略或一个基因，因此，同一个世代的参与者是根据相同的行为模式来运作。每一个世代的基因分布借着突变及适者生存法则而改变，也就是说，一个平均报酬较高的基因将会有较多的后代，经过时间足够长的演化，将会导致纳什均衡。

森森　那什么事让您头痛呢？

新月　嗯……我所说的这些适用于生物学，经济学的演化博弈理论盲目地借用这些形式而没有说明它与标准的博弈理论有哪些根本上的差异。

（以手托住他的头，思考了一会儿）为了从社会科学的角度来考虑人类的社会，每一个理论需要对“参与者”有清楚的定义，然后我们考虑“个人”与“社会”的关系。明天我们来讨论“方法论个人主义”。请先想想这个概念。

---

[1] 请参见第一幕第四场。

森森 好的，“个人主义”……

新月 这两天半川先生参加了我们的讨论，他使得我们的讨论有别于以往。森森，你从中学到了一些事情，对吗？在我们的同行中，是有一些像半川先生这样的学者，这对你未来参加研讨会将会有些帮助。

好了，时间虽然还有点早，但是我想回家了，明天见。

新月离开舞台

森森 他一定累坏了，我也累了。间占先生，你怎么样？

间占 我当然也很累，但是我想你应当学到很多吧！

森森 是的，感谢半川先生，我现在认识更多的外国大学了。再说，你认为我应该考托福吗？

间占 为什么不？你当然要准备它。

我要再多做一些研究工作。明天见。

旁白 这真是个很长、很多转折的一幕戏。从他们的讨论中，我知道了博弈理论牵涉许多复杂的问题，或许，这样复杂的情境就是由人类社会所引起的。回头想想，我们能真正地讨论这么复杂的人类社会吗？新月最后说明天将会讨论个人主义，我不知道为什么个人主义和博弈理论相关。让我们期待明天的讨论吧。

第五幕　个人与社会

旁白　如前所述，这一幕将讨论社会科学的哲学基础，更精确地说，这一幕将阐述方法论个人主义及其对立面——方法论集体主义。我们这一个行业有很多主义，这很令我惊讶，而且它们之间相互抗衡。我希望博弈理论可以免于这些主义的束缚，但是若因此而能激起思辨的火花，对于博弈理论的发展也有非常正面的意义。现在，间占和森森开始讨论什么是方法论个人主义这个问题。好吧，我们来听听吧。

第一场 个人主义

间占和森森在实验室中闲聊

森森 新月教授昨天说，我们今天要讨论个人主义，但是我不知道他到底想谈哪些事。他显然是一个个人主义者，所以我不认为他需要讨论个人主义。你知不知道他心中的个人主义是什么？

间占 我认为他指的是方法论个人主义。

森森 （表现出惊讶的样子）它是一个为了个人主义应运而生的方法吗？它是不是教导我们如何变成一个个人主义者？这对我们有用吗？

间占 请不要一次问这么多问题。“方法论”是一个学术名词，它是指从事科学研究应该采用的方法，尤其是包含经济学在内的社会科学。

森森 还好，这样就似乎比如何使一个人变成个人主义者来得严肃些。

间占 当然，对于社会科学而言，讨论采用什么样的方式来从事研究，是一件十分严肃的事。

森森 但是在从事科学研究时，我们不应当预设立场，我不了解为什么我们要讨论科学研究需要采取哪一个主义。

间占 让我先回想什么是方法论个人主义？在社会科学的研究中，这是指从分析的观点来探讨社会现象的主义。

森森 我仍然被“主义”这两个字所困惑，它到底说些什么？

间占 “主义”？我认为它是说应该采取的研究态度。比方说，方法论个人主义主张从事研究时，应该采取方法论个人主义的观点。目前的经济学，以市场均衡理论为代表，就是由方法论个人主义这个观点建构的。

森森　你只是一味地重复“方法论个人主义”而没有更进一步地解释这个名词。

间占　是吗！我认为可以用“解释一个社会现象的成因，主要是依据组成这个社会的人的特征”来说明。

森森　市场均衡理论就是由这个角度建立的，不是吗？市场上价格的形成就是一个社会现象。

间占　我也这么认为。

森森　消费者和生产者都是市场里的成员，价格的形成可否化约为消费者和生产者的特征？

间占　这有什么错吗？

森森　我认为消费者和生产者的数目也是个十分重要的因素，仅仅只分析个人的特征而忽略这些数目，我们似乎无法解释市场价格的变化。新月教授几天前提到“甲醇和乙醇都由相同的原子所构成，但因为组合方式的不同而有不同的性质”，和这一件事相似。①

间占　嗯……对的。即使消费者和生产者具有相同的特征，市场的价格也会随着这两类人的人数的不同而有所变化，否则，我们就无法区分垄断、寡头或完全竞争的市场。

或许，这个关于方法论个人主义的解释不对。我想起另一个方法论个人主义的解释，它好像是说“个人是社会现象的基本单位”。

森森　哲学味道越来越重了，但是我们该怎么解释这个说法呢？在市场均衡理论中，生产者可能是一个厂商，它也许是由许多个人所组合而成的群体，这和方法论个人主义矛盾吗？

间占　对的。当我们承认有群体的行为时，市场均衡理论与方法论个人主义会产生矛盾。嗯……我应该承认我不是那么了解方法论个人主义。

---

① 请见第二幕第三场。

有一个与方法论个人主义对立的学说，我们称之为方法论集体主义。

森森 现在，你提出更多的主义了，我知道你不是那么了解这些主义。好吧，告诉我什么是方法论集体主义。

新月教授出现在舞台上

间占 教授，很高兴您来了。森森要求我解释方法论个人主义，我说目前的经济学是以方法论个人主义为基础。至于这个主义，我这样说："解释一个社会现象的成因，主要是依据组成这个社会的人的特征。"他用市场价格不仅仅由生产者和消费者的特征所决定，同时，这些人的数目也是很重要的因素来反驳。

新月 你说的是方法论个人主义的化约版本。

间占 然后，我告诉他另一个定义的方式，"个人是社会现象的基本单位"。然后，他又反驳说，厂商是市场的基本单位，但它可能是由许多个人组合而成。所以无论哪一种说法，市场均衡理论都违反了方法论个人主义。

新月 那是方法论个人主义的本体论版本。

森森 看来，想要了解方法论个人主义非常困难。

间占 在您来之前，我也提到方法论集体主义，它的立场应该是与方法论个人主义对立，但是这似乎更难理解。

森森 教授，您昨天提到的个人主义，是否就是指方法论个人主义吗?

新月 的确如此。我想我就是说方法论个人主义。

间占，你解释了方法论个人主义的化约版本及本体论版本。

森森 我了解什么是"化约"，但我不知道什么是"本体论"，这是什么意思呢?

新月 这意指所考虑的问题里"关于一个物件的存在"，稍后我会再进一步解释它。

森森　嗯……我应当懂了吧。除了化约版或本体论版的个人主义外，还有其他的类型吗?

新月　我还要再增加一个，因为它们的全名太长了，我将它们的缩写写在黑板上：

(1) 化约的个人主义 (reductionist individualism)

(2) 本体论的个人主义 (ontological individualism)

(3) 身份先定的个人主义 (identity-predetermined individualism)

森森　(皱了下眉头) 我不知道为什么我们要考虑这些主义，您能否先说为什么，然后再解释 (1)、(2) 和 (3)这些到底是什么，我很好奇。

新月　好的！我先解释为什么我们要考虑这三个主义。博弈理论及经济学中有许多不同的理论，由前两天的讨论，我们知道甚至于纳什均衡都有许多不同的诠释方式。往往为了某一个特殊的理由，我们提出某一种理论或某一种诠释。比方说，某个理论的提出，是为了解释某一种特定的社会现象；而另一个理论的建立，可能是为了给出解答。每一个理论都显现出它的功能，不同的理论或诠释都有它们的卖点，至于这些理论完整性的问题，却往往被忽略了！此外，这些理论一旦建立，只倾向讨论比较简单的部分，有时候只注意数学的结构，有时候只关注现象层面。

森森　这听来是对的。那么，您准备讨论哪些事情呢?

新月　我的计划是希望借着比较以及分析的方式，来评估这些理论及诠释。除了用数学及现象层面的观点外，我还需要从分类学的角度来讨论。我将依据方法论个人主义及方法论集体主义这两个概念，来评量及分类目前的理论及诠释，我们借着分类学可能发现某些重要但尚未被触及过的题材。

间占　您是准备讨论目前那些不同理论的元理论，对吗?

新月 是的，你可以这样说，但是我主要的目的是区分出那些应该被考虑而现存理论尚未真正探索过的问题。我大概会采用启发的办法，除非必要，我不会用严谨的方式来讨论。有时候，我用的“个人主义”或“集体主义”可能是一般惯用的意思，若你们有任何问题，请告诉我。

间占 目前的经济学或博弈理论，有多种不同但未经过比较的讨论方法，这是一个事实。我了解您的想法了，请您解释在黑板上写的（1）、（2）和（3）这三个主义。

新月 好的。我先扼要地解释这三个主义，至于它们与目前经济学或博弈理论的关系，我稍后再讨论。

首先，（1）化约的个人主义，就如间占曾经说过的，是指“解释一个社会现象的成因，主要是依据组成这个社会的人的特征”，以组成这个社会的人的特征来解释社会现象，是它被称为化约的理由。（2）本体论的个人主义，这是指所有社会的行为的基本单位是个人，它并不提出任何与个人特征有关的假设，仅强调每个基本单位的本体意义，所以我们称它为本体论的个人主义。

森森 现在，能否请您再解释什么是基本单位的本体意义？

新月 嗯……它仅在意什么是基本单位，而不在乎这个基本单位具有什么特征。本体论的个人主义着重在每一个个体，而忽略其他的部分；对比而言，化约的个人主义除了每一个个体外，还关注其他有关这个个体的特征。

借着方法论个人主义的争论，（1）和（2）这两个主义分别在 20 世纪 50 年代及 60 年代形成。[①]

森森 若您能够举些例子，我或许能更清楚些。那（3）又是什么呢？是指每个人都一样吗？

---

① 有很多关于这些争论的文章，我们仅列出 Lukes S（1973）*Individualism.* Basil Blackwell，Oxford 以及 Agassi J（1960）Methodological individualism. *British Journal of Sociology* 11：244－270 作为参考。相关文献可以从他们的参考书目中找到。

新月　不！不！身份这个词是指，个人的独特个性，它被视为其稳定的本质。这里我应该用主体这个词，而不是用个人，因为在主义（3）中，它可能是一个厂商、公司、家庭等。这里，身份先定这个词，是指这个理论中的每一个主体具有稳定的本质。所以(3）是指一个每一个主体业已本质先定的理论。

森森　在（3）中，您允许一个厂商或一个公司作为主体吗?

新月　是的。不需要将每一个主体当成一个人，但每一个主体的身份已经确定。在（1）和（2）中，就像你们所说的，每一个主体可以想像成为一个人。显然地，一定有许多的理论与（1）或（2）矛盾，这就是为什么需要（3）的理由。

森森　我们为何将市场均衡理论归类为（3）的一个理论呢?

新月　在市场均衡理论中，生产者以两个特征来界定：使用生产函数以及追求最大利润的决策判准。当价格外生给定时，生产者的行为完全由这两个特征决定。虽然一个厂商由许多个人组成，我们在（3）这个主义里，仍将它视为一个主体。同时，消费者以三个特征来界定：他的效用函数、收入及效用最大化的决策判准。从这个意义上来说，消费者的身份也是先定的，所以我们可以将市场均衡理论包含在方法论个人主义中。

森森　您将会讨论这三个主义的关系吗?同时，您是否会从这三个主义的角度来讨论市场均衡理论与博弈理论的区别?

新月　我会的。事实上，我想要说明比起任何一个博弈理论中的理论，市场均衡理论更为个人化。

森森　我希望知道您的观点。

间占　等一等，我还有几个问题要厘清。关于（1)、(2）及（3）这三个主义的关系，如果我说化约的个人主义必然包含在本体论的个人主义中，这样说，对吗?

新月　是的，主义（1）将社会现象约化成每一个个人的特征，这个主义假设每一个个体是一个人，所以（1）必然包含在（2）

中；但是(3) 与（1）及（2）无关。如果我们假设（3）的主体是一个个人的情况下，（1）可推得（3），而（3）可推得(2)，所以在这个假设下，(1)⇒(3)⇒(2)。

森森 在（3）的主体是一个个人的假设下，我不了解（1）与（3）有什么区别。因为每一个人的身份在（1）及（3）都是先定的，对吗？那么（1）与（3）真正的区别是什么呢？

新月 （1）是假定只要借着观察每一个个体的特征或身份，我们就足以解释社会现象。因此，这些特征必须丰富到足以作这样的解释。另一方面，比方说，（3）对于消费者的描述非常少，只用个人的效用函数以及收入是无法解释社会现象的。

森森 这样说来，（1）似乎较（3）为强。

间占 我了解（1）、（2）及（3）这三个主义了。您将以这些方法论个人主义作为关键的概念，对目前不同的经济学或博弈理论中的理论进行分类及评估，以便了解这些理论还有哪些缺失，但是我仍然不知道您最终的目的是什么？

新月 事实上，我希望将本体论的个人主义及方法论集体主义作联结。

森森 又来了一个名词，您是否也解释什么是方法论集体主义？

新月 关于方法论集体主义，我们也有几个形式。我将其中的两个写在黑板上，用（4）以及（5）来表示：

（4）本体论的集体主义（ontological collectivism）

（5）个人形塑的集体主义（individual-forming collectivism）

间占 或许，我们可以用类似了解本体论的个人主义的方式，来了解本体论的集体主义。

森森 这是说一个社会，制定决策的基本单位是一个集体，对吗？

新月 对的。根据某些辞典，[①]本体论的集体主义是指每一个社会实体(群体、机构、社会）都是一个独特的整体，它不能仅借着研究其中的一个个体就能了解。

正如伟大的社会学家爱弥儿·涂尔干所说，“社会现象的研究和解释与个体无关”。[②]

森森 这愈来愈玄了。

新月 从集体意志这个角度来谈，有时候，它会变得更玄。这种拟人论的思考方式，我认为从石器时代就开始了。一般而言，既然我们将“神的意志”从科学上移除，我们也应该将一个集体或整体的意志从社会科学上移除。

森森 我也这么认为。“意志”是某个存在于人们心中的一个东西，但是并不存在于社会。在这里，我们最好从每一个个人开始，这样好吗?

新月 好的，我同意你的看法。从这个意义上来说，我会采取方法论个人主义的立场。然而，方法论个人主义也有一些重要的层面需要由批判的角度来讨论。

间占 （看起来有些失望）我充分地了解整体或集体的意志这个概念有些神秘，最好将它移除。但如此一来，主义（4）将会失去它的内涵。

新月 在很大的程度上，我同意你的意见，但是就像主义（4）所假设的，有些博弈理论也假设一个整体或集体可以视为实体。因此，作为一个主要的概念，主义（4）并非完全没有内涵，我们稍后将会详细地讨论它。

森森 但是我并不知道什么是（5）个人形塑的集体主义的意义。

---

① *Oxford concise dictionary of sociology*（1994），p. 240. Oxford University Press，Oxford.

② Durkheim E（1964，original 1895）*The rules of sociological method.* Translated by Solovay SA，Mueller JH. Free Press，New York。涂尔干被认为是集体主义的一个代表人物，他强调社会现象有着实质的结构。他的主张，与其说是集体主张，不如说是当把社会现象视为目标时，无法通过化约方法逼近，这样的诠释会更忠实些。

新月 我们可以将它理解成“每一个个人在社会中被塑造，而社会本身也与这些个人一起形成”。对于社会科学，我认为主义(5) 非常重要。

（思考了一会儿）嗯，我有一个好的、或坏的例子来解释主义（4）跟（5）的一些特征。大约在1982年的时候，我从知名博弈理论学者泽尔滕那儿听到下面这个例子。你们听过泽尔滕这个名字吧？

间占 当然，泽尔滕以完美均衡点以及连锁店悖论而闻名，他在1994年得到诺贝尔奖。

新月 是，就是他。他在20世纪70年代的工作对我有很大的影响，当时，我也有很多问题想要请教他。在1982年，我参加了在他工作的比勒菲尔德大学举办的会议。他留了一段时间给我，以便讨论不同的议题。

除了一段关于方法论集体主义的讨论，我差不多忘了其他的对话。我仍然清楚地记得他那个关于集体主义的例子以及从中得到的结论，因为我认为那个例子和他的结论应该是相反的。直到现在，我还是这样认为。他提到了这个例子，而且说“社会科学家用下面的方式来解释方法论集体主义”。

森森 他提出了什么样的例子呢？

新月 我来模仿泽尔滕教授当时的样子。（装出严肃、权威的样子说着）

> 集体主义强调个人在社会中形塑而成，一个身份完整的个人与社会无关是一个荒唐的假设。为了了解这个想法，我们通常使用蘑菇苗圃作为类比。在蘑菇苗圃中，有一个让蘑菇孢子附着的温床，在这个温床里，孢子是核心的本质。在温床上长出的蘑菇伞头，它的存在是因为温床存在。社会相当于温床，而社会中的人相

当于蘑菇伞头。

森森　嘿！这是一个非常有趣的例子。没错，将个人与社会分开是一桩没有意义的事，但这并不符合（3）身份先定的个人主义，以及（1）化约的个人主义。那么您怎么对泽尔滕教授说呢？

新月　我的说法，就和你的说法几乎一模一样：“那是个有趣的例子，它表达了个人与社会的关系的本质。”但事情从这里就开始变得奇怪，泽尔滕教授用下面的方式答复：“不，对集体主义来说，我用了一个坏的例子来做类比。由这个例子，我们看到任何一个基于集体主义的理论是无法分析的。蘑菇苗圃是个坏例子，它让集体主义无法分析。”

森森　教授，您接下来怎么说呢？

新月　我问道：“为什么这是一个坏例子呢？个人和社会的关系是与蘑菇伞头和温床的关系十分相似，为什么这不能分析呢？”我要求他回答这些问题，但他所做的就是一直重复：

“因为它无法分析，这是一个坏例子。”他拒绝进一步地解释，听起来好像他无法回答，但是他的表情太权威了，以至于我无法再问更进一步的问题。

间占 泽尔滕教授是指科学应该可以分析，所以他认为科学无法讨论集体主义，对吗?

新月 他并没有回答我的问题，所以我无法了解他真正的想法。

森森 原来您在很久之前就被这样对待啊!

新月 当然，而且常常如此。但是我也从泽尔滕教授身上学到，当一个人想说任何负面的事情时，就要表现出很权威的样子。

(*以很大、有力的声音说着*) 你们真的懂吗?

森森 您总是模仿些非常奇怪的事情，可是一旦我有自己的学生时，我也要这样做!

蘑菇苗圃这个例子非常有趣，教授，我想听听您的意见。

新月 对于这个例子，我现在有些想法。当你将温床上的蘑菇伞头仅仅当成是一个产品，则它就是（4）本体论的集体主义，蘑菇苗圃的成员就是温床上的那些孢子，而蘑菇伞头只是这个苗圃的产品。对照之下，就人类的社会而言，一个社会是由许多个人组合而成的，但是这些个人并不仅仅是社会的产品。总而言之，个人在社会中形塑而成，他们同时也组成社会。

间占 那似乎是（5）个人形塑的集体主义，是吗?

新月 是的，的确如此。如果我们假设，组成社会的基本成员不是个人，那么组成社会的基本成员，比方说，应该就是制度或组织啰，但是我们不可能用制度或组织作为我们研究的起点。

对于个人与整体的关系，蘑菇苗圃提供了一个重要的内涵，但它仅仅是一个隐喻。

森森 我仍然认为蘑菇苗圃这个例子非常有趣。

新月 它指出个人是在社会中所塑造而成这个有趣的见解，这个特色在博弈理论或经济学中就不见了，我认为这是蘑菇苗圃唯一重要的观点。从现在起，我将用蘑菇苗圃作为“个人为社会所塑造而成”的隐喻。

你们两个应该了解（4）本体论的集体主义及（5）个人形塑的集体主义所指的意思。

间占　因为（5）认为个人是由社会所塑造而成，它与（1）化约的个人主义及（3）身份先定的个人主义矛盾。（2）本体论的个人主义似乎在逻辑上与（5）个人形塑的集体主义一致，但它们似乎也没有很好的关联。

新月　我认为你在某种程度上是对的，然而，我仍然希望联结（5）个人形塑的集体主义和（2）本体论的个人主义。

好吧，午餐的时间到了，下午我们再继续。我一点要开会，请在三点左右回来。

新月离开实验室

第二场　主　义

新月回到实验室，看来心情愉悦

新月　终于，我完成了所有的文书工作。嗯……嘿，森森，你正在午睡吗?

森森从沙发上醒了过来

森森　不，差不多该起来了。喔！太困了。经过连续两天的讨论，我觉得相当累，我小睡了一会儿，以保持我的精力来应付继续的讨论。教授，您的会议开得怎么样?

新月　系主任老是一遍遍地重复相同的事情，使我昏昏欲睡，但是他又用很大的声音说话，让我无法好好地睡觉。假若他能稍稍小声些，我或许能够有个很好的午觉。

森森　哈哈哈！跟这里的情形相同。间占先生一直在电脑前打字，这也吵到我了。若是他也能稍稍小声些，我会睡得更好。

间占　这是我的工作，我必须要做好分内的事。我不了解你在这里如何能睡得着，我很少在学校里睡觉。

新月　这意思是说你偶尔也会在这里小憩一番啰！好了，该起床工作了！

今天下午的主题是利用写在黑板上的三种个人主义及两种集体主义作为主要的概念，将它们和目前与经济学及博弈理论相关的理论及诠释作比较。首先，我们由个人主义开始，我说过我们的目标是联结（2）本体论的个人主义及（5）个人形塑的集体主义，我们也需要（3）身份先定的个人主义来厘清本体论的个人主义。很清楚地，在这儿（1）化约的个人主义并没有太大的意义，因此，我们先跳过它。

间占　（*打断新月的话*）教授，为了评价目前经济学及博弈理论的理论，您提供了三种方法论个人主义，但是您难道只用“很清楚地……没有太大的意义”这几个字，就希望忽略化约的个人主义吗？当我还是大学生时，假如我没记错的话，我学到方法论个人主义与自然科学中的方法论化约主义关系密切，我认为自然科学中的方法论化约主义相当于社会科学中的（1）化约的个人主义。你难道不能解释所有黑板上提到的主义吗？

森森　我和间占先生的看法相同，所以方法论化约主义到底指的是什么？

间占　（显现出会意的神色）在物理学中，举例来说，物质的特征或结构可以分成分子，分子可以分成原子，原子可以分成质子或电子，而这些又可以分成一些更基本的粒子。使用这种方式，物理学取得了非凡的成就，这就是所谓的方法论化约主义。量子化学利用相同的化约方法来讨论化学，生物化学也利用相同的方法来处理生物学。

教授，您希望忽略化约的个人主义，但是这个主义的发展是根据自然科学的方法论化约主义，这个目前在自然科学研究中非常具有正当性的方法，我很希望您能解释它到底有什么问题。

新月　嗯，你并不完全对。你认为这个方法在物理学、生物学及化学这些学科非常成功，但是这些都是使用方法论化约主义非常成功的领域。

森森　它只在成功的领域成功，这是我最喜欢的同义反复。

新月　对的。我认为社会科学中的化约的个人主义相当愚蠢，如果你很认真地思考它，你将会变得精神错乱。我所想做的是评价（3）身份先定的个人主义，然后接下来很快地讨论（2）本体论的个人主义，以及（5）个人形塑的集体主义。

间占　您怎么可以在没有什么理由的情况下，就说化约的个人主义愚蠢？难道仅是因为思考那些您不喜欢的东西，您尊贵的心智就变得不正常吗？用他人可以理解的方式而非个人的好恶，解释为什么作出某种判断的理由，不是一个科学家的使命吗？

森森 间占先生是对的。教授，请不要用您的好恶来判断事情，您曾经说过这样的话，“这关乎思想，而非品味”。

新月 （很不情愿的样子）就像平常一样，我们最终的决定，还是由多数决策来达成。好的，我来解释（1）化约的个人主义。

我们曾经讨论过乙醇和甲醇这两种酒精的成分，每一种都是由碳、氢及氧的原子构成，但是由于原子组成方式的不同，甲醇有毒而乙醇会让人酩酊大醉。这些性质是由化学的特征，而非组合的原子的特征来决定。

间占 事实上，森森已经点出了这个事实，请您专注于社会科学中化约的个人主义。

新月 好的，好的，我们就来谈化约的个人主义。是你们先谈到自然科学的，好了，我也尽量不要离题太多。

间占 我承认是我先谈到自然科学，请您继续社会科学的讨论。

新月 好的。研究社会现象，化约的个人主义强调的是只要分析每一个个人的特征就足够了。起初，有部分比较倾向于心理学的社会学家也认为一个社会现象可以化约成个人的心理特征，这相似于物理学的方法论化约主义。

森森 教授，某些社会现象是可以化约成个人的特征，比方说，由于多数人使用右手，剪刀是为了使用右手的人所制造。当然，也有许多社会现象是无法用个人的特征来化约。

新月 嗯……右手用的剪刀。你知道吗？便宜的剪刀通常是对称的。

森森 真的吗？找一把我看看。

（在桌上找到一把剪刀）啊，对，这是一把对称的剪刀，所以它是两手都可以用的。

新月 那就好了。我们只考虑那些比较贵而且非对称的剪刀，假如我们有右手用的剪刀与左手用的剪刀。如果我们尝试找出哪一种在我们社会中常被使用，我们可以挑出一个人来检视。大部分的情形，这个人是使用右手，所以我们就会有使用右手的人居多这样的结论。换句话说，这个现象发生的理由可以被化约成一群人的特征。

但是让我们虚拟一个一半的人口使用右手、一半的人口使用左手的人群所组成的国家，那我们就无法通过只观察某一个人，就来判断哪一种剪刀被使用得较多，这两种形态的剪刀都有相同的被使用的机会。

森森　由比较贵的剪刀的角度来看，就很有可能将现象化约成一群人的特征。

新月　我也这样认为。当每一个个人都有相同的特征；就很有可能将现象化约到个人，比方说，胃肠药的存在是因为人们有胃，因此，你就可以将其化约成个人的特征。但是你不会称它是一个社会问题吧，你会吗？所以当一个问题无法化约成个人的特征时，我们就称它为一个社会问题。

然而，一般来说，(1) 化约的个人主义强调社会现象是可以化约成个人的特征。

森森　当然，我们无法从一个个人来了解社会现象，否则，我只要想想自己就可以了解整个社会，这当然不是一个思考社会现象的方式。

我认为目前的问题是由主义所引起，因为它限制了我们的思考。只要忘掉这些主义，我们的困境就可以解决，对吗？

新月　哈哈哈！森森，我喜欢你灵活的头脑。的确，若拿掉“主义”，我们就可以解决由它所引起的问题。

（陷入沉思中）然而，如果我们用很慎重的态度从事科学研究，我们就无法忽略主义。科学及理论的价值，在于它们提出的解释具有普遍性。对于所观察到的现象，我们或许会提出解释。若这个解释仅仅在事后提出，而且不具备普遍性，则对于任何一个有新的因素加入的环境，这样的解释将无法有预测的能力，因此，也不会有任何用处。只有一个解释具有普遍性时，预测才变得可能，为了追求普遍性，我们需要主义。因此，对科学研究来说，主义是不可或缺的，寻求主义，就如同于追求一个一般性的原则。

间占 但是一旦有了一个主义，人们就倾向于用这个主义来解释所有的事情。甚至对于一个有特定意义的集体特征这种现象，使用自然科学方法论化约主义来解释也会产生问题。以酒精为例子，方法论化约主义将会主张我们可以将“醉酒”化约为组成酒精的碳、氢、氧原子的特征。教授，我了解您的想法了。

另一方面来说，若我们将这些基本的碳、氢、氧原子的活动由量子力学的角度来描绘，则酒精的化学特征最终也会用量子力学来解释，对吗？教授，您认为呢？

新月 利用量子力学来描述化学理论的基本元素，不意味着它是方法论化约主义。甚至当我们用量子力学来描述基本元素时，由这些元素组成的化合物仍具有自己的特征。化约论者主张这样的化合物特征可以被化约成更基本的元素的性质，这是化约论者的谬误。

社会现象具有化合物特征，这就是为什么社会科学中的化约的个人主义没有什么意义的理由。

间占 教授，您是真的不喜欢化约主义，我们最好不要再问任何与它有关的问题。

新月 不，这不是品味问题，这是思想问题。

间占 又来了，我们听得太多了。

新月 非常抱歉。无论如何，我们不应该将主义太单纯化，但是若没有主义来要求一般性的原则或普遍性，那么科学也会失去意义。

森森 （看来有些迷惑）主义似乎是必需的，但是若太执着于它，则又限制了思考而显得偏狭，那么这个界线到底是什么呢?

间占 总之，我们需要非常小心地评量正在考虑的问题，在适当的情况下修改主义，以便产生一个更一般的形式。喔……教授，这听起来就像您时常说的那样。

新月 哈哈哈！现在你终于了解我思想的深奥了吧。

(陷入沉思中）主义是一个研究者的研究态度，在理想的状况下，理论会反映主义。假如一个理论是由某种主义所建构起来的，即使这个理论并没有非常明显地表现出这个主义，我们仍然可以借由主义及理论之间的互动来体会、欣赏这个研究工作。

其实，没有任何一个理论经济学家或博弈理论学者讨论他的研究工作所依据的主义或原则，主要是因为大部分的研究工作者心中并没有主义，我们应该要有找出一个理论背后所隐藏的主义或原则的想法。当然，这要在这个理论是依据某种主义所建构时才有可能。我们将由这个角度来考虑主义（1）到主义（5)。

间占 我开始了解您的意图了。对于这五个主义，我可以提出个人的看法吗?

新月 可以的，请说。

间占 首先，(1）化约的个人主义可以视为研究态度和一个理论的特征，然而，这个主义过于偏狭。(2）本体论的个人主义主张决策者应该是一个人，虽然这没什么不好，但是从功能的角度来说，这不是一个有意义的理论特征，也不是一个研究态度。不过，它与市场均衡理论处理厂商的方式矛盾，这是一个有意义的例外。(3）身份先定的个人主义，作为主义它也有不足，因为似乎任何一个数学理论都拥有这个性质。

森森 非常有趣。根据间占先生的分析，作为一个主义，(1）是有意义的，但过于偏狭；(2）并没有焦点；而任何一个数学理论都可以被归类为（3）。教授，这样说来，您的分类有意义吗？

新月　嗯……你怎么可以用这样负面的意见来评论我的分类，但我仍要请间占继续。

间占　从另外一个方面来说，合作博弈理论是（4）本体论的集体主义的一个例子，而与其他主义无关。合作博弈理论是以参与者合作的行为为前提。

新月　在非合作博弈理论中，若以共同知识为基础来解释纳什均衡，它就与主义（4）相关，我们待会儿再讨论它。

森森　但是合作博弈理论也照顾到每一个个人的诱因，对吗？

新月　从某种程度来说，对的。然而，方法论个人主义的精神，也是主义（1）、（2）以及（3）的共同点，就是个人是社会的基本单位。若将厂商并入市场均衡理论来看，（3）就偏离了这个精神。

森森　这个精神听起来像主义（2），对吗？

新月　是的，所以我认为主义（2）本体论的个人主义是方法论个人主义中最单纯的形式。

让我们再回头考虑合作博弈理论。合作的形成应当基于每一个个人的意愿，允许一大群人的合作与方法论个人主义的精神相违背，所以除了某几类问题，我不认为合作博弈理论有太大的意义。那又是哪几类问题呢？比方说，沙普利—舒比克的配对博弈以及纳什议价博弈，[①]这两个理论仅考虑小团体的合作，基本上是两个人的团体的合作。

间占　但是你如何看待纳什程序（Nash Program）这个由不合作博弈的角度诠释合作博弈理论的研究领域？

---

① 原始文章为 Shapley LS，Shubik M（1972）Assignment game 1：the core. *International Journal of Game Theory* 1：111－130。在处理配对问题上这仍是最好的参考文献。另一本书是 Luce RD，Raiffa H（1957）*Games and decisions*. John Wiley and Sons，New York。虽然年代有些久远，它在纳什议价理论上有详尽的介绍。

新月　我的论点是，将注意力专注在少数人的合作行为上。纳什程序是将合作博弈用不合作博弈的方式来重新描述与分析，这个程序的本身与团体的大或小无关。因此，若仍然是合作博弈，我不认为用不合作的方式来分析合作博弈具有太多的意义。

从事社会科学研究，人与人的互动是最基本的，但是以一个群体或社会为单位作为研究的起点却相当不合适。合作博弈理论关注人们的互动，但表述却失之于单纯，我们最好不要再提合作博弈理论和纳什程序。

间占　好的，让我们忘掉合作博弈理论。现在，我应当作个总结了。

(5) 个人形塑的集体主义听起来很有说服力，但是我不认为有可能由这个方向来从事研究，关键在于我们不可能用这个主义来设计一个数学模型。我们应该以社会整体作为一个起点，然后再确定组成要件或是某些部分；还是社会整体以及组成要件同时确定？建构一个能够清楚地反映个人形塑的集体主义这种状况的数学模型，我不认为有可能。这意味着这个主义不可能是一个数学理论的特征，同时，它也不可能是一个研究态度的特征。

新月　你是不是说个人形塑的集体主义不可能作为一个数学理论？这或许就是为什么泽尔滕教授一直重复地说“集体主义”是没办法分析的。

间占　我也这样认为。任何一个数学方法都是由基本要素同时定义整体及组成要件，因此，建构一个以个人形塑的集体主义为基础的数学理论的意义不大。

森森　（带着一些挑战的意味）我很清楚你的想法，间占先生，但是我们应当如何看待蘑菇苗圃这个例子？个体在社会中被创造的现象，我们还没有考虑到呢！你是说我们无法用数学理论来研究这些现象吗？我认为这是件奇怪的事。

间占　嗯……我们无法利用数学方法来处理蘑菇苗圃这个现象，这种主张是很奇怪，因为这其中并没有牵涉到一些神秘的因素。

新月 大家认为这样的数学分析不可能，只是因为到目前为止，还没有人成功地完成，或者说，还没有人很慎重地去尝试。

间占 教授，您现在又很乐观了。

新月 是应该有一套数学理论可以处理有关蘑菇苗圃这样的现象，我计划将（2）本体论的个人主义以及（5）个人形塑的集体主义作联结。

森森 您能够说得更具体些吗?

新月 好的，我曾经说过主义不单是一个理论，也是一个理论学家的研究态度的特征。至于个人形塑的集体主义，最好把它当做是研究计划的特征，换句话说，也就是我们希望处理、了解具有这样特征的现象。因此，我倾向于这样说，我们有可能用一个植根于个人形塑的集体主义所建立的数学模型，来处理个人形塑的集体主义形式的现象。

嗯，因为我谈到专注于这种现象的研究，我承认这或许也是一个研究态度的特征。

间占 我多少了解您希望解释的事。有许多的现象的确具有（5）个人形塑的集体主义的性质，某些个人的特征的确在社会中塑造而成，这的确就是蘑菇苗圃这个例子所尝试表示的。

但是我仍然不了解为什么这与本体论的个人主义有具体的关联。

新月 这个嘛，那么我们就来讨论如何联结这两个主义。

森森 （*打断新月的话*）教授，您还没解释（1）化约的个人主义和（3）身份先定的个人主义这两个主义与目前经济学和博弈理论之间的关系。可否请您先解释这些?我希望能先了解这些标准的理论。

间占 我同意。这将帮助我们了解（5）个人形塑的集体主义。

新月 嗯，看来我必须解释（1）、（3）以及它们与目前经济学和博弈理论之间的关系。为了了解这些事情，我们必须考虑博弈理论或市场均衡理论如何看待个人与社会的关系。

在这之前，我们先喝些咖啡振奋一下精神如何？

森森　我完全同意，就是街角那家咖啡店如何？

这三个人离开舞台

第三场 个人与社会的关系

新月、间占与森森从咖啡店回来

森森 我仍然觉得有点困，我需要一杯比刚刚喝的更浓的咖啡。

新月 最好更大杯些！

森森 这附近有更多的咖啡店就好了，东京现在有许多价钱便宜的咖啡连锁店。

新月 的确，东京现在有许多咖啡店，假如他们在学生宿舍区附近也开一间分店的话，一定会赚很多钱。但是我们这个城市也有很多价钱不贵的清酒店，你不认为吗？我有一段时间没去了，明天一起去喝杯酒吧，如何？

间占 教授，您又提到酒了，我们应该继续讨论方法论个人主义与集体主义。在喝咖啡之前，您说要讨论博弈理论以及经济学如何看待个人与社会的关系。

新月 对的。我们先考虑两个极端的例子，借着这两个例子，我们将较为容易了解其他的情形。市场均衡理论是其中之一，另外一个则是以共同知识为基础来诠释纳什均衡，这是两个有趣的例子。从数学的角度来看，市场均衡与纳什均衡密切相关，但是从方法论个人主义的角度来看，它们则完全不同。

森森 我知道竞争均衡与纳什均衡的数学定义非常相似，能否请您从方法论个人主义的角度，解释它们的不同？

新月 没问题，我就是打算这样做。我将先解释市场均衡理论，然后再谈论以共同知识为基础来诠释的纳什均衡。

间占 我来总结如何从方法论个人主义的观点来谈市场均衡理论。我们将市场均衡理论归类为（3）身份先定的个人主义。若是没有厂商的纯交换经济体，我们可以把它归类为（2）本体论的个人主义。然而，就像森森已经提到的，它与（1）化约的个人主义矛盾。

我的理解对吗?

新月　没错，就是这个样子。我曾经强调，市场均衡理论有个非常极端的假设，就是将个人与整体分开。当然，个人与整体还是有一个联结关系，那就是市场价格。在个人的层次上，每一个人接受市场的价格；然而，就整体来说，市场价格随个人行为的加总而改变。[①]这种将个人与整体分开的设计，使我们能用极端个人化的方式来处理个人行为。

森森　教授，“极端个人化”指的是什么?

新月　我所指的是在给定市场价格以及预算约束下，每个人只在乎如何最大化自己的效用。虽然市场价格联结着个人与整体，但这仅仅是客观的现象，个人其实完全没有考虑到社会，所以我称它为极端个人化，这样说没错吧?

森森　这样说来，市场均衡理论并没有很慎重地处理社会的因素。

间占　的确，市场价格是联结社会与个人的唯一因素，所以市场均衡理论无法捕捉到社会的层面，对吗?

新月　嗯……你怎么老是从负面的态度看我的解释。

森森　因为您常常以负面的结论作为讨论的结果。这一次，您的结论是负面还是正面呢?

新月　事实上，我的解释同时包含这两面。这一次，我要从正面的结论开始谈起。

市场均衡理论将个人从整体中分离，我认为非常成功。在经济或市场的现象中，市场价格作为一个联结要件，它强于其他联结因素。在忽略其他次要的联结因素下，这种分离的方式使我们可以更清晰地探讨市场的行为。若从方法论个人主义的观点，市场均衡理论成功地利用市场价格来联结个人与社会，同时，又以非常个人化的方式处理个

---

① 请参见第三幕，特别是第三场。

体。我认为市场均衡理论之所以成功，不仅仅因为它是一个经济现象的理论，同时也因为它是一个非常实用的经济制度。

关于负面的结论，多多少少就像你所说的：它忽略了社会层面，这套理论除了讨论市场现象外，无法探讨更多的社会问题。

间占 我了解了。

新月 另一方面，博弈理论并没有像市场均衡理论有个非常极端的假设。在联结个人与社会方面，不可避免地，博弈理论使用些集体要件。

森森 教授，您说的是哪一方面的博弈理论？

新月 任何一个博弈的理论，多多少少都牵涉到一些集体的因素。比方说，考虑零和两人博弈，我曾经说过，[1]借着控制策略 s_1，参与者 1 希望最大化他的效用函数值 $g_1(s_1, s_2)$；同样地，参与者 2 借着控制 s_2 来最大化 $g_2(s_1, s_2)$ 或最小化 $g_1(s_1, s_2)$。借着效用函数，参与者 1 与 2 彼此之间直接相互影响。

间占 根据最大最小决策判准，参与者 1 对于任何他可能出的策略都会做出最坏的打算。这不意味着参与者 1 知道参与者 2 的想法，因为他不知道参与者 2 将会出的策略，所以参与者 1 还是将参与者 2 所有可能的选择纳入考虑。

森森 （表现出兴奋的样子）我懂了！我一直以为零和两人博弈的最大最小决策判准非常个人化。我是说两个人的报酬彼此对立，所以最好的做法就是打败对手，因此，用最坏的情境来评估自己的策略。虽然这种行为非常个人化，其实仍然需要考虑对手的行为。相反地，在市场均衡理论，纵使市场牵涉非常多的人，每一个个人完全不考虑其他人。

---

① 请参见第四幕第三场。

新月　森森，非常好！你充分理解我们所谈的事情。

森森　当然，我还是有真懂的时候，非常谢谢您及间占先生。

新月　太好了，我希望你继续保持这样的表现。

现在，我们讨论博弈理论另外一个极端的情形，就是利用共同知识为基础来诠释纳什均衡。森森，要不要试试怎么解释它？

森森　好的，我来试一下。我们之前讨论过，若将纳什均衡视为执行前决策的结果，则每一个人借着解读对手的思考来预测对手的策略，而后做出自己的决策，因此，我们就离开个人主义越来越远了。

间占　对的。但是新月教授要求你在共同知识的基础下来诠释纳什均衡。

新月　对的。我们昨天讨论过，到底需不需要将一个博弈的结构作为共同知识，然后，间占将这个情形作了一个很好的总结。

间占　我说了类似下面的事情：博弈 $g = (g_1, g_2)$ 是共同知识，而这两个参与者又有一模一样的决策判准，他们彼此知道对方在想什么，而所有这些都是共同知识，[①]换句话说，所有参与者共享了所有博弈的情境，包含他们的思想在内。

新月　借着将整个社会嵌入每个人的心中，这个诠释联结了个人与社会。

间占　这非常有趣，但这也是一个非常极端的联系。那么，您要将这归类于黑板上所写的（1）到（5）的哪一个？

新月　我将它同时归类于（1）化约的个人主义以及（4）本体论的集体主义。

森森　（*表现出迷惑的样子*）为什么？它们应该是对立的两面。化约的个人主义在（1）、（2）及（3）这三个主义中最强；反过来说，本体论的集体主义又非常地集体化。这两者是对立的。

---

① 请参见第四幕第三场。

新月　你有这种想法非常自然，然而，这对立的两面其实很相似，就像极左和极右非常类似一样。我们曾经说过，社会以知识的形式存在于个人的心中，所以这是集体化的显现。因此，以共同知识为基础来诠释纳什均衡被归入（4）本体论的集体主义。

森森　将它归类为化约的个人主义，您又如何解释？

新月　好的，我们先想想为什么诠释纳什均衡需要共同知识。一个参与者为了做出决策，他必须在心中描绘出整个博弈的面貌，这包括社会及所有的参与者。这样一来，问题就被化约在每一个参与者的心中。昨天我画在黑板上的图表显出这样的化约，我再画一次：

$$\begin{array}{l} A\to(B\to(A\to(B\to\cdots)\ \cdots)) \\ B\to(A\to(B\to(A\to\cdots)\ \cdots)) \end{array} \tag{4.7}$$

如果你想明确地说明 A，则你需要 B；同时，如果你想明确地说明 B，你又需要 A，如此等等。关键在于将整个问题化约到之前的一步，由共同知识来解释纳什均衡。在这个意义下，它是化约的个人主义。当我们假设一个参与者的心中有这样的一个结构，那么我们只需要分析这一个参与者的想法，就可以了解整个问题。在这个意义下，它也是个人主义。所以这种诠释可以被认为是（1）化约的个人主义的一个例子。

间占　教授，您曾经说过化约的个人主义会让您精神错乱而不想谈它。然而，经过多数决策的决定，这个由化约的个人主义开始讨论的做法，还是很有收获。

但是我仍然有一个问题。您之前说，化约的个人主义尝试将社会问题化约成个人的特征。现在，这个问题是被化约到个人的信仰/知识，这既不是生理也不是心理的特征。将信仰/知识包含在个人的特征中，这没问题吗？

新月　嗯，你到底想问什么？

间占　我之所以问这个，是因为生理/心理的特征都是先天的，而信仰/知识是后天获得的。我认为一个人的特征应该是与生俱来的，所以我们不能称这些由后天所获得的信仰/知识是个人的特征。

新月　好的，我明白你的问题了。

请想想生理/心理的特征与信仰/知识的区别，也想想它们与电脑中硬件与软件之间的对应关系。一个人也应该可以被认为是硬件与软件的组合。间占，请想想，我们是应该以一个人的硬件还是软件当做探讨、研究的目标？

间占　硬件是一代一代演化而来，同时，一个人借着所生活的社会而得到软件，比如说，信仰/知识以及行为判准，也是事实，所以我们应该关注的是软件的部分。

新月　那么，我们，作为社会科学家，应当用化约的个人主义来分析什么呢？

间占　也许，我们用它来分析社会现象。啊，我知道了。如果我们尝试将社会现象化约为个人的硬件部分，则我们对社会现象的解释就会仅从硬件进化的角度，诸如生理/心理的因素出发，这样就很可笑了。

您希望引导我们得到软件也属于个人的特征这样的结论。

新月　我并不否认某些社会现象可能与我们的生理因素有关。然而，个人的软件部分，才是我们甚至对于（1）化约的个人主义所希望探讨的目标。

森森　但您希望讨论（5）个人形塑的集体主义，请继续。

新月　是的，但是今天没什么时间了，我看明天再继续讨论好了。

间占　我没问题。但是我可以就我所了解您对于（1）到（5）的讨论作个总结吗？不会耽误太多时间的。

新月　嗯，买东西前，我还有一些时间，请说吧。

间占　因为每个人只需要考虑自己的行为，市场均衡理论非常个人化；另一方面，化约论者对于纳什均衡的诠释是将整个社会嵌入每个人的心中，这又非常集体化，这是两个极端的情形。除了这两个极端的情形外，我仍然认为应该有些自然的联系来联结个人与社会，这就是为什么需要（5）的理由。但是，说实话，我仍然不知道如何联系（2）本体论的个人主义与（5）个人形塑的集体主义。

森森 （摇摇头）不！不！我觉得有点奇怪，你们都说市场均衡理论极端个人化，我也同意你们的解释。但是间占先生在研究生的课上讨论了德布鲁—斯卡夫关于核（core）与竞争均衡的极限定理，[①]而教授您在本科生的课上用埃奇沃斯箱形图来解释核收敛到竞争均衡的现象。你们两个都说这个定理解释了无差别定律，也就是说，市场允许一个产品只有一个价格。但是核是合作博弈理论的一个解观念，而且我们假设这个理论的结盟团体（coalition）可以任意地增大，换句话说，允许这么多参与者的合作，这不是相当地集体化吗？

间占 对的。在我们的讨论中，我也觉得似乎遗漏了某些东西。为了证明极限定理，我们需要假设参与者数目非常大的结盟团体，因此，森森说的市场均衡理论隐藏了集体因素是对的。这样说，对吗？

新月 不，你不完全对。事实上，是一个相关的数学结构造成了如此困扰，尽管这个数学结构是因为其他不同的原因被引入的。其实，我并不喜欢讨论这个相当棘手的问题，而且我也不想去评判德布鲁—斯卡夫定理。我认为他们对于价格形成的解释是一个很大的成就，当时读他们这篇文章时的激动心情，我还记得很清楚。所以我并不想评判他们的工作，但是现在显然不可避免了。

---

① Debreu G, Scarf H (1963) A limit theorem on the core of an economy. *International Economic Review* 4: 235-246.

间占　看来您又进入一个俄狄浦斯悲剧的情境了。

森森　这已经持续一段时间了！

新月　昨天谈到纳什均衡存在性的证明，我们提到概率是一个无理数的情形，[①]我们也讨论了可以将商品空间假设为连续集。这种利用逼近处理的方式非常便于分析，但是这也使得无理数这种数字悄悄地进入到商品空间。

间占　的确，在标准的理论中，竞争均衡是可能牵涉到用无理数表示的量，但是这与德布鲁—斯卡夫的极限定理有关吗？

新月　是的，的确有关。当交易导致无理数的量出现时，我们需要非常大的结盟团体来处理。用有理数逼近一个无理数时，这个有理数的分子和分母将都会是非常大的整数，所以我们需要一个非常大的结盟团体来表示这个非常大的数字。当越来越逼近这个无理数时，这个结盟团体就会变得越来越大，为了这个理由，我们需要任意大的结盟团体。所以当我们假设商品空间为连续集时，就导致需要非常大的结盟团体。

间占　我应该再回头重读一下德布鲁—斯卡夫定理的证明。教授，您是不是认为之所以会产生这个问题，就是因为我们假设每一个商品都可无限分割。

新月　是的，我就这个意思。沙普利—舒比克的配对博弈是处理不可分割商品最成功的例子，在不需要假设大结盟团体的情况下，这个博弈的核和竞争均衡重合。[②]我们只需要买家和卖家的配对，在这个情形之下，就不会产生一个大结盟团体的集体化的问题。因此，我们就可以利用配对博弈核和竞争均衡相等来解释无差别定律。

森森　看来，我也必须去读沙普利—舒比克的论文了。我好像有

---

①　请参见第四幕第四场。

②　请见第210页注释①。

好多该读的文章。

新月 但是思考方式的种类却相当有限，一旦你知道了，你就可以绕过它们而去追寻新的想法。

间占 教授，您可以这样说，因为您读过很多论文。但是在明白这个道理之前，确实有无限多论文该读的感觉。

森森 我应该说什么呢?

新月 多说无益，只管去做就好。

今天谈得真久，而且还没有触及最重要的部分，那就是（5）个人形塑的集体主义。我们明天早上再继续吧，我明天没课也没会议，可以全心地投入。差不多是去买东西的时间了，明天见。

新月离开舞台

森森 经过连续三天的讨论，我感觉有些累了。虽然还早，但是我要回家上床睡觉了。

间占 是吗？我应该继续写我的文章，明天见。

森森离开舞台，间占回到电脑前继续工作

第四场　个人的内在心智结构

当森森出现时，新月和间占正坐在舞台上

森森　早安，让你们久等了。

新月　是的，30分钟了。

森森　很抱歉，我昨天太累了，所以先去跑步，然后一上床就睡着了，早上没有及时醒过来。

新月　你还年轻！对了，非常高兴听到你去运动！

间占　（显现出不满意的样子）我也仍然年轻，但还是很准时。森森吃得好，睡得好，而且话很多，他是一个相当没有效率的人。还好他在清醒的时候，非常有活力。

森森　间占先生，你不论做什么事都非常有效率，但是若每件事都这样做的话，人生就不太有趣了。研究应该像生活一样，我们应该吃得好，睡得好，而且快乐地工作。

新月　哈哈哈！回到正题，今天我们要讨论（5）个人形塑的集体主义以及它与（2）本体论的个人主义的关系。为了这个主题，我要先谈个人的内在结构，我将解释个人内在结构在市场均衡理论或博弈理论所扮演的角色。

森森　你所谓"个人的内在结构"是指食道、胃、十二指肠、小肠、大肠、直肠、然后最后是肛门？

间占　的确，动物有一个像管子一样的结构，食物由嘴巴进入，除了部分被吸收，大部分由肛门排出。蜻蜓的幼虫像一个喷气发动机，将嘴巴喝的水由背部喷出，使得身体往前驱动。人类也是一个输入、输出的机器，食物由嘴巴送入，而由肛门输出。

（显现出尴尬的样子）喔……森森很成功地将我也带到这样的对话。

新月 的确，间占，这不太像平常的你。但是你所说的，跟我们的主题相关。个人形塑的集体主义是说明个人如何在社会中形塑而成，这也是为什么我要考虑每一个个人的内在结构。

间占 抱歉！个人形塑的集体主义是说每一个人的身份在社会中塑造形成，这类似于蘑菇苗圃的隐喻，但是器官并不是在社会中形成，它是由千万个世代的演化所决定。

新月 我们可以将一个人比拟成电脑，由硬件和软件所组合而成，人类的器官就是硬件，对一个世代而言，它可被视为常量；一个人由社会塑造而成的部分，就是所谓的软件。

或许，我应当用个人的“内在心智结构”而非单纯的“内在结构”。

森森 这样子我们就不会误解了。

新月 然而，在我们专注于内在心智结构之前，我希望先考虑它在目前理论所扮演的角色。我们先从市场均衡理论及博弈理论开始探讨参与者的内在心智结构。

间占 嗯，这几乎是没有什么人谈过的问题。市场均衡理论的消费者由效用函数、收入或者劳动产值来决定，这些只有效用函数直接地与内在心智结构相关；收入是外生的；劳动产值并不那么直接地与内在心智结构相关，虽然技术熟练与否也是内在心智结构的一部分。博弈理论的情形大致上相同。

新月　个人形塑的集体主义认为个人与社会同时形成而且彼此影响。然而，若内在心智结构是先定的，这个说法就不成立，而效用函数在市场均衡理论及博弈理论都是先定的。

间占　我们可以将决策判准视为内在心智结构的一个要件吗？

新月　是的！我们可以将决策判准视为个人内在心智结构的一部分，这类似于个人的信仰/知识。个人借着与社会的互动而获得信仰/知识、行为/道德判准。

森森　这听来像是演化博弈理论。我原本以为我懂了，但是我现在想再问一遍，演化博弈理论或博弈理论中的学习理论是探讨这样子的问题吗？

新月　不，都不是。在演化博弈理论，每一个世代的参与者的内在心智结构是不会变化的。在那个理论中，每一个参与者都被视为一个使用某一特定策略的基因，而整个群体的策略分布会随世代的改变而改变。

森森　那么博弈理论中的学习理论又探讨什么呢？

新月　事实上，博弈理论的学习理论并没有特定的目标，它主要源起于一个数学观点，很单纯的就是一个算法理论及这个算法的收敛问题。这个理论以“策略的改变是受到某些特定法则的规范”这个假设开始，剩下的就是一些关于微分方程或差分方程的问题，但理论学家用一个非常花哨的名字来包装它。

森森　我很惊讶学习理论仅仅是一个算法理论及其收敛的问题。经济学已存在几百年了，但是从来没有考虑过个人的内在心智结构吗？

新月　经济学并没有那么老，从亚当·斯密开始到现在差不多两百年；而博弈理论从冯·诺依曼及摩根斯顿开始，才差不多六十年。经济学有避免讨论人们心智的传统，有名的经济学家宇泽弘文曾经说过："心智问题永远是经济学的一个禁忌。"这是由社会科学或是心理学的行为主义而来的传统，它在20世纪前半叶强烈地影响了美国。

森森　真是这样子的吗?

新月　是的，这也是被某个主义所影响。

经济学及博弈理论中的效用理论及其推广——主观概率理论，就被认为是用来讨论个人的内在心智结构。我个人不认为萨维奇的主观概率有太多内涵。[①]博弈理论中所讨论的信息结构，不是一个内在结构，它是关于如何接收信息的一个外在结构。

森森　就描述内在心智结构而言，萨维奇的主观概率理论有什么问题呢?

新月　主观概率理论的主观效用函数和主观概率测度是由个人的偏好关系所推导出，偏好关系是这个理论的起始点，但是这个理论却没有谈到偏好关系如何产生、如何与经验结合产生作用。效用与品味相关，所以它一定是主观的。我们或许可以假设个人的偏好与生俱来，然而，概率是关于经验及思想，它不应该单纯地附着于个人的心智。

萨维奇的理论是提出一个显示定理，他假设一个偏好关系满足某些公设，然后证明这个偏好关系可以用一个实值函数来表示，而这个实值函数可以分解成"效用函数"及"概率测度"。

间占　我认为您接下来会这样说：这个显示定理多多少少是一个满足某些公设的偏好关系与一个效用函数及主观概率的存在性的等价定理。萨维奇的理论主要谈的是这个显示定理的条

---

① Savage LJ (1954) *The foundations of statistics*. John Wiley and Sons, New York.

件。最近，某些理论也谈到非期望效用函数理论的一般化，但是这些文献完全没触及个人的内在心智结构。

我这样的说法符合您的主张吗?

新月　是的，我就是如此认为，我还要再加些补充。

这些公设只是偏好关系的数学性质，而非经验或思想的累积，这套理论也应当谈论一些外在经验及内在心智结构之间的问题。

森森　教授，没有任何理论谈及个人的内在心智结构吗?

新月　我不会说这样的理论不存在。

森森　嗯……教授，您常说“我无法了解重复两次的否定，你应当用肯定的方式来叙述你的句子”，对吗?这样说来，您是指这样的理论存在。

新月　是的，是有一些这样的理论。[①]图灵机理论就是其中的一个，最极端的一个就是冯·诺依曼的自复制自动机理论。[②]

你们应该知道图灵机理论，它描述人们心中的计算过程，这套理论给出了可计算函数和不可计算函数的界线。它最重要的成就是发现通用图灵机，只要我们能够将程序安装到通用图灵机上，它就可以计算任何一个可计算函数。这已经是目前计算机的理论基础。

森森　可以请您也解释冯·诺依曼的自动机吗?

新月　冯·诺依曼的理论是从具有格子点以及29种单纯神经元的二维空间开始。我们将每一个神经元写在二维空间的一个盒子里，然后利用这些神经元制造出小的器官，再将这些小的器官组合，我们得到大的器官，最后，组合这些大的器

---

① 大致说来，有许多关于人类的内在心智结构的研究，例如 Ryle G（1949）*The concept of mind.* Hutchinson，London 对心智作了哲学的研究。而 Gardner H（1985）*The mind's new science.* Basic Books，New York 对于内在心智结构，在各个学科间作了相当彻底的研究。

② von Neumann J（1966）*Theory of self-reproducing automata.* Edited and completed by Burks AW. University of Illinois Press，Chicago.

官，我们就得到自复制自动机。自复制这个名词是指这机器能够完全地在二维空间上自我复制，通用图灵机是这个机器的头脑是这个理论另一个惊人的地方。

森森 那这个机器能做什么?

新月 冯·诺依曼的自复制自动机仅仅能重复制造自身作为自己的后代，这些复制品会重复地复制自身。若经过一些修改，因为每一个自动机都有通用图灵机作为它的头脑，所以可以作出任何的计算。①

很不幸地，冯·诺依曼在完成这套理论之前就过世了。若冯·诺依曼活得够久，这世界或许到处都是自复制自动机了。

间占 教授，除了复制自身外，这个机器看来没有其他功能。

新月 对的，冯·诺依曼想挑战的是一个生物如何重复制造与自己结构完全相同后代的谜。从物理或数学的角度来说，我认为冯·诺依曼希望系统地说明这个结构是一个可行的想法。他的理论并不含有任何神秘的因素。

如果我们些微地修改他的理论，比方说，当一部机器遇到其他机器，先将其杀害，而后再吃掉对方的零件后，自我复制才能发生，则这些机器就像在玩一个演化博弈。

森森 这太可怕了，他们彼此吃掉对方以便复制自身。

再说，因为这些机器装了通用图灵机，只要给它们程序，它们就可以计算任何的东西。

新月 就是这样，这个事实很重要。从哲学上来说，这说明我们可以从笛卡尔身体与心智的二元论迈入霍布斯的一元论。这样一来，我们就可以将心智当做机器来运作，我认为这也是冯·诺依曼想说明的。

森森 但是机器并没有情绪。

---

① 这里的描述太过简化。尽管该理论由冯·诺依曼独立完成，它看来是有很多科学家参与其中的一门很大的学科。

新月　要让机器有情绪也不是件困难的事。情绪包含愤怒、焦虑、快乐、喜悦等，这是我们心智的功能，事实上，它们也控制了我们的心智。情绪在我们的行为中扮演了很重要的角色，同时，对理性思考而言，它们也非常重要。比方说，若是我的解释在逻辑上矛盾，你们会感觉愤怒，那么你们的愤怒就会增加你们的逻辑思考能力，能够将我的解释修改得合理。这是一个例子，它说明情绪对于理性思考也扮演重要的角色。

当一部精炼的机器遇到一个复杂的工作，它也需要一些情绪，诸如愤怒、喜悦，以便将工作做得更好。

间占　情绪或许能够帮助一部能力有限的机器有更好的表现。

新月　我同意。在一个有许多偶发性事件的复杂情境中，我们无法对于任何偶发性事件都给机器一个完整的程序来处理，这部机器需要自己找出解决的办法。若它觉得愤怒、焦躁，则它就增加了解决问题的能力；若它有自在的感觉，那它就休息。

间占　你是说爱也是机器的功能之一吗?

新月　当然，是的。冯 · 诺依曼在自复制自动机上曾有过尝试。以人类为例，我们做两性复制，爱是强化复制行为的情绪。从身—心合一的一元论观点，一个叫做“间占”的机器，因为有复制行为的动机，所以对爱产生困恼，这些都是由演化形成。

间占　您用别人的烦恼来取悦自己。

新月　抱歉!

间占　我们最好还是回到原来的主题。我想我们谈到（5）个人形塑的集体主义。

新月　是的。我们刚刚讨论个人的内在心智结构，只有很清楚地了解内在心智结构，我们才有可能知道一个人如何形成。

森森　根据冯 · 诺依曼的说法，内在心智结构就像由细胞组合而成的器官，您如何将它与社会联系？

新月 对的。冯·诺依曼的目标是建构一个物质实体，一个具有自我复制与思考功能的机器。我的目标不是考虑这些器官的硬件层面，而是考虑它们软件层面的功能。在冯·诺依曼的理论中，这些功能谈得相当少，我甚至认为仅限于计算方面。

森森 胃的功能是使食物的体积变小，小肠的功能是消化吸收它们，大肠的功能是排泄它们。

间占 你又来了，我将不会再犯第二次的错误了。
我认为我们应该将心智考虑成一个软件。

新月 的确，对我们而言，将心智视为软件比将头脑视为硬件更为重要。心智有情绪及理性的功能，情绪控制了一个人的行为及他的智能水平；理性就是智能，它帮助我们了解自然及社会的环境。
情绪较接近于硬件的功能，而理性较接近于软件的功能。这里，我们考虑不同形式的理性。

森森 理性有许多不同的层次吗？

新月 对的，“理性”这个词听来好像只是说计算能力及理论探讨的能力，然而，事情并非如此地单纯。
当我们在博弈理论中谈到一个理性的参与者，它意味着这个参与者知道这个博弈的完整结构，他也可以及时作出必要的计算。在这个情形下，就实质分析而言，“理性”这个词也仅仅是一个修饰词罢了。

森森 是这样子的吗？

新月 前天我们讨论了一个小例子。假设我们可以自由运用 +、-、×、÷ 这些算术四则运算以及不等式 $\leqslant$，但若你不知道根号 $\sqrt{\ }$，则你无法想像 $p = (30 - 2\sqrt{51})/29$ 这一个无理数，这样的一个参与者也就无法计算一个三人博弈的纳什均衡点。[1]除非我们的语言中包含根号$\sqrt{\ }$，否则他无法了解无理数 p。这意味着语言在我们思考范围的宽广程度上，也扮演着一个重要的角色。

间占　虽然这个看法并不同于计算复杂度的典型想法，但这也是理性或推理的一个层面，这意指理性及推理有许多层面。

森森　这跟我们教高中学生无理数一样，首先，你要教他们根号这个概念。

新月　的确如此。借着经验以及与人沟通，我们学会了许多事情，当然，教育也扮演着重要的角色，所以个人的某些部分就由这些因素塑造而成。

间占　信念/知识及行为/道德的评判基准的形成，是借由个人的内在心智结构，这就与我们的（2）本体论的个人主义一致，但并不与（1）化约的个人主义，也不与（3）身份先定的个人主义一致。

新月　对的。

间占　我不认为典型的经济学及博弈理论探讨过这样的问题，您打算将它当做一个博弈理论一样的问题来研究吗？但是期望在这方面得到具体的研究结果似乎还有一段很长的路要走。

新月　的确，是有一段很大的距离，这就是为什么我已经花了超过二十年的时间在这个问题上。因为经济学及博弈理论是研究人类与社会的学问，这样的问题迟早要面对。因此，想了解人类与社会，越早从事这方面的研究，就会有越大的贡献。

间占　对的。在世界各个角落，我还没看到我们的同行有任何人在这问题上努力过。

新月　还没有人系统地从事这个研究，因此，我要你和森森参与

---

① 请参见第四幕第四场。

这个研究，问题是你们愿意吗?

间占 让我想一想应不应该接受您参与这个研究的建议。

现在，我应该对方法论上的讨论作个总结。个人内在心智结构的形成以及个人的成长都与社会的发展息息相关，因此，这样的研究应归类为（5）个人形塑的集体主义。但是因为每个社会的单位是个人，所以它也可以被归类为（2）本体论的个人主义。

新月 的确如此。

森森 现在，我来描述您所希望探讨的：每一个参与者被赋予一个人工智能，而且参与这个社会的博弈。

新月 这是其中的一个目标。参与者被赋予语言、计算、逻辑能力，我们教导他们社会行为的规则，并让他们参与博弈。从某一个定点，他们开始参与，彼此之间相互影响、教育，形塑自己的身份，于是一个新的社会就这样形成了。

间占 您是说一群由人工造出的参与者所组成的社会会自动地运作吗? 那么，我们有什么具体的研究可以做呢?

新月 我们可以研究一个有限理性的参与者的行为，比方说，一个参与者知道或不知道$\sqrt{\ }$，会有什么样的现象发生。我们应当研究关于有限理性的层面，诸如谬误、误解，这些是我们在讨论魔芋对话时就讨论过的问题。至于更具体的例子，我们可以思考歧视及偏见，这可能是一个好或坏的关于个人形塑的集体主义的例子。首先，偏见是以一个心智态度的形式存在，而后歧视的行为随之产生，个人合理化他们的歧视行为，然后形成新的偏见；或是反过来说，歧视在没有偏见的情况下存在，歧视的行为被合理化后，就产生偏见，而后歧视的行为更加强化，这是一个恶性循环。①

---

① 请参见第二幕以及 Kaneko M，Matsui A（1999）Inductive game theory：discrimination and prejudices. *Journal of Public Economic Theory* 1：101－137。

间占 我希望听一些更具体的研究计划，对目前的博弈理论您希望增加哪些理论结构呢?

新月 我已经解释过了，但是我可以说得更具体些。

首先，在每一个人的心中，都存在着信仰/知识、行为/道德判准，我们的行为及判断力就由这些基本的信念推导出来，认知逻辑就是研究这些推导过程。但是关于信仰/知识的形成就超出逻辑所能处理的，比方说，个人借着经验形成他对社会的观点，这些社会观点由个人的信念/知识、行为/道德判准组合而成。更进一步地说，个人借着沟通传递他的观点给其他人，因此，在每一个个人对社会形成观点这一件事上，沟通扮演了极为重要的角色。①一旦这些观点形成后，剩下的就只是内在逻辑的事了。

间占 也许，我应该来总结今天的讨论。虽然个人对于社会的观点与在社会中和其他人的互动相关，但是这又反过来决定了社会本身的外貌。因此，这样的研究采取个人形塑的集体主义的立场，同时，我们将每一个个人看成这个研究的基本单位，所以这也同时是本体论的个人主义。

这就是我们所谓（2）本体论的个人主义及（5）个人形塑的集体主义的联结。

新月 没错，我们剩下的问题，就是这个研究计划可以执行得多好。

森森 我可以问一些与未来相关的事吗?

新月 当然可以，请说。

森森 未来的参与者的行为，会变得更率性或者是更以自我为中心吗?

新月 我也这样认为，参与者会更以自我为中心的方向去思考、行为。那些计算能力不好的人，会改善他们的计算能力，打败聪明的参与者，与其他参与者建立关系，并繁衍后代。

---

① 这种形式的研究以前曾被提过，请参见：Kaneko M，Kline JJ（2003）Modeling a player's perspective，Part I：Info-memory protocols，Part II：inductive derivation of an individual view. Mimeo.

森森 教授，您怎么扯到这儿。事实上，作为社会上的参与者，我们人类以自我为中心的思考方式，朝自己有利的方向讨论、学习，最终，参与者或许会说他要去喝一杯酒！

我们已经连续四天这样的讨论，我觉得非常疲倦，今晚我们可以去喝杯酒吗？参与者们需要充电了，让我们喝杯酒，吃些肉、鱼、蔬菜，以补充我们的精力及更多的维生素。

新月 这是个好主意。我们可不可以去“大将”这间居酒屋？我喜欢他们的传统料理，间占，你要加入吗？

间占 好，我跟你们一起去。但是若我们早点去，附近的墨西哥餐厅有“快乐时光”，玛格丽特鸡尾酒在那段时间半价。让我们先沉浸在那个有格调的气氛中，然后再去那个你们喜欢的、便宜的居酒屋。

吃完饭后，我要回来工作。

新月、间占及森森离开舞台

旁白 这大概就是他们的结论了，虽然每个参与者都有自己的想法，但畅饮的聚会却是他们的共识！这是不是暗示着个人形塑的集体主义呢？在四天的讨论后，他们将会有个非常快乐的晚餐。

我希望可以继续这样子的对话，但是就像每件事都有终点一样，结束的时间到了。亲爱的读者，作为这个剧本的旁白者，真是非常大的荣耀！再会了！

尾　声

诗人安静地出现在舞台

> 快一点！快一点！我要知道内涵，信天翁唱着
> 快一点！快一点！我应该知道内涵，顶戴冠饰的朱鹭唱着
> 随着时间的消逝，大家知道了内涵
> 无法区别前与后，只有乌鸦仍然懵懂着

诗人安静地退场

新月、间占以及森森在舞台面向观众

新月　你们听了这么长的时间，真是非常感谢！

我确定你们知道信天翁是谁、朱鹭是谁，但是我不知道谁是乌鸦，希望不是我。同时，借着“前”与“后”没什么区别这句诗，他希望传达什么呢？

对了，还有很多东西没有在这些讨论中触及。我在比较后面的几幕才渐渐习惯使用这样的形式与间占、森森以及其他人讨论。其实，我希望能够继续，但是目前得先暂时告一个段落，等待另外一个机会的到来，我有些伤感。

间占　我也非常感谢！我已经在这个讨论中找到自己的节奏。就如新月教授所说，亲爱的观众，离开你们我也有些感伤。但是我也很高兴能够暂时告一个段落，因为我必须去完成我自己的论文研究。

森森　嗨，亲爱的观众，晚安！诗人称我为信天翁，这是一只很笨的鸟！但是我不认为他很对，你们看到我参加讨论时的情形，难道你们不认为这也是一个相当好的成就吗？

再说，我曾经提到的那篇论文已接近完成，我正在考虑将它投到《理论经济学期刊》。坦白说，当我证明出那个定理时，我还不知道如何将一个结果写成一篇文章以及如何投稿这些问题。间占先生不厌其烦地帮助我修改这篇论文，非常感谢他的善意以及耐心。我非常希望我的文章能够被这个期刊接受，但是间占先生告诉我，这个期刊的评审过程十分严格。

新月　森森，请说得简洁些。K先生，剧本的作者，也非常期望能说一些话。现在，女士们、先生们，我很荣幸介绍这位建构了这个智慧世界的K先生，K先生请到舞台上来。

K带着太阳眼镜，看起来非常笨拙地出现在舞台上，打开一张纸头准备朗读

森森　K先生，你的手在发抖呢，没问题吧？

K　不要提这件事，我现在觉得不安、紧张。亲……亲……亲爱的观众，我……我非常……喔，喔，我应该怎么说呢？

间占　应该这样继续，“我非常感谢你们的聆听……”这样的话？

K　我知道了，应该用“感谢”，我不太习惯使用这样的字眼。其实，这是我第一次在公众面前演讲，所以我要求我的助理为我写了一篇演讲的稿子。但是我太紧张了，所以实在……无法读它。

（*发觉观众中有人禁不住大笑*）嘿，观众们，你们期望什么呢？我也不是一个演员，你们怎么能期望我给出一个好的演讲呢？好了，我应该说出我心里真正的想法，放弃进行一个正式但是做作的演讲。当然，我必须抱怨那些演员们。嗨，新月位，你将你的剧本作了许多即兴的改变；而朱鹭，间占通，我不知道应该还是不应该感谢你修改我美丽的原稿；与这些家伙不同，森森元气在无知中显现可爱，我爱极了他信天翁的行为。

新月 假如我即兴更改剧本的效果并不好的话，我很抱歉。刚开始时，我是依据剧本所写的来演出，但是我渐渐地跟随剧本上所设计的逻辑来进行，补足某些不足的部分或使某些部分更具逻辑性的行为并不是刻意的，这个发展让我惊讶，逻辑真是太强而有力了！但是效果也不是那么糟吧，对吗？与俄狄浦斯不同，我追求逻辑是期望结果会更好。

间占 假如你不喜欢我对于剧本所作的修改，我也很抱歉。但是原来的剧本有很多贫瘠、幼稚的语言，我不得不修改有关我的部分，使用更精确的、更适宜的、更完整的、更美的词汇来表现，我认为经过修改后的剧本比原来的要好。但是对于森森而言，这些幼稚的语言就非常适合他。

森森 间占先生，你这样说很不公平。我并没有更改我的剧本，因为这就是我的性格，难道你不认为我的演技很好吗？

K　间占，请停止你的吹毛求疵，你认为你修改后的剧本美吗？你到底从哪里来的勇气在没有征询作者的意见之前就更改剧本？这是个美丽的行为吗？你对艺术一点想法也没有，这个我写出的艺术杰作可以媲美于柏拉图的《理想国》，或者莫扎特的《A 大调单簧管协奏曲》。

间占 很抱歉，我没听清楚，你是说一个“艺术杰作”，还是说一个“垃圾杰作”？

K　是的，这有些可笑但并不美丽，你应该更努力地去想出一个好的笑话。

坦白说，我认为我可以与阿里斯托芬所写的《云》相比较。但是有几点我不如他，我就无法像他一样写出这样了不起的段落：

苏格拉底正在观察月亮的轨道及自转。当他张开嘴望着天空时，就在那瞬间，一只藏在暗夜中蓝色的蜥蜴，洒了泡尿在他的嘴里。[1]

（指向右边的观众）在最右边的那一位观众，就是你，你这个脸色苍白的小黄瓜。刚刚你举起手，然后又放下，你有什么意见吗？

（竖起他的耳朵）什么？你认为新月是我的发言人，而这个家伙比我更高尚？难道你认为我是一个粗俗的人吗？还是，你根本无法区别“前”与“后”？

新月　哈哈哈，你可以这样说。啊哈，就像诗人所说的，K先生是一只乌鸦。

K　你期望什么呢？我是一个真正的人，而他只是我所编的剧本中的一个角色罢了。啊……这个小黄瓜又将他的手举向天空了，你还有什么话要说吗？

（又竖起他的耳朵）你想知道剧本中的角色是否可以改变逻辑和剧本以便更融入这个剧？这个嘛，这三个家伙已经就这样做了，所以修改是可能的。这个事实说明我的剧情发展很自然且必然，也写得很好，懂了吗？你这个脸色苍白的茄子。

森森　小黄瓜变成茄子了。

新月　这个作者似乎并不合适在像这样的公众场合出现。K先生，可否请你现在离开舞台，非常谢谢！

新月将K拖离舞台

新月　我很抱歉，他是这样粗俗的人，请大家接受我的道歉。

森森　教授，“粗俗”真正的意思是什么呢？

---

① Aristhophanes：The cloud. In：*Four texts on Socrates*. Translated by West TG，West GS（1984）. Cornell University Press，Ithaca.

间占　（即刻反应）就是“低级”或“平凡”（common）[1]的意思。所以“共同知识”也就是“平凡”的知识。

森森　我知道了。这就是说，我们之间现在有“粗俗的知识”，对吗？

新月　啊哈！好极了！

好吧！差不多是该结束的时间了，亲爱的观众，希望有一天我们能够再见面。间占、森森，下一次我们一定要将讨论变得更有趣。各位，再见。

三人黯然、落寞地离开舞台

① 原文使用 common，有粗鄙、低级的意思。——译者注

致　谢

这本书是作者，一个研究工作者以及老师，经过长时间与许多人互动以及日常生活的点点滴滴所累积而成。这些萦绕在心中与他人互动的记忆，不论是正面的、负面的，都反映在这些讨论中。对于无论是给他正面或负面启发的人，作者都希望表达感谢。

作者希望感谢那些直接或间接帮助这本书完成的人。首先，我要感谢那些在 2000 年 Decentralization 会议上，参加表演第一幕的演员：Ken Terao、Yuichi Osawa 以及 Takako Fujiwara。其次，我也非常感谢：Midori Hirokawa 对于每一幕所提供的意见；Sakae Nakano 对于文稿的批评、修正、纠正；Hizuki Moriwaki 帮助准备整个文稿；以及作者的指导老师 Mitsuo Suzuki 教授，他永远给出最诚实的评语。最后，感谢 Hukukane Nikaido 教授的鼓励，他于 2001 年 8 月过世，在过世前的 3 个月，他对于第三幕提出了非常宝贵的意见。

回顾第一幕到第五幕的写作过程，作者生动地记起他从 1971 年到 1977 年在 Mitsuo Suzuki 教授的实验室、从 1980 年到 1982 年在 Martin Shubik 教授的研究室、从 1986 年到 1989 年与 Masahiro Okuno 教授合作研究相聚的这些时光，与许多人在这几段时间的讨论，仍然清晰地浮现在脑海中。此外，筑波大学社会工学系——作者从 1977 年起任教至现在（其中有 6 年在其他大学工作）——所提供的氛围，对作者所产生的影响超出他所能了解。若没有这个系所，这本书将不可能完成。

插曲二是根据 2001 年 12 月，Jeffrey J. Kline 及 Oliver Schulte 访

问筑波时，作者与他们的对话。他也要对他们表示诚挚的谢意。

这本书英文版的完成，作者也要对许多人致上最诚挚的谢意。首先，Ruth Vanbaelen 翻译出第一个英文版本，然后她又与作者一起多次的修改。作者也非常感谢 Jeffrey J. Kline 及 Oliver Schulte，他们对于先前的译本提出有价值的、不论是实质的还是编辑上的意见。作者也感谢 Radha Balkaransingh 及 Sawako Shirahase 有助益的评语。非常谢谢 Nobuhide Maeoka 所绘的美丽插图。

译后记

既然数学能在物理学及生物学的发展过程中扮演重要的角色，对于社会科学的发展，数学也应该有相同的功能。就在这个信念下，冯·诺依曼及摩根斯顿提供了一套数学方法来分析社会与社会问题，或从根本上来说，了解个体间互动产生的现象，这就是博弈理论的由来。经过过去六七十年蓬勃的发展，这门学科已累积了丰富的内容，也成为许多社会科学学科的理论基础。

对那些想借着中文来了解博弈理论内容的读者而言，坊间已有些介绍这门学问的中文书籍，纵使量不够多，总是提供了些认识的管道。然而，由批判的角度来谈这个学问的内涵、谈这个学问的研究方法、谈从事这个学问的研究工作者的态度以至提供新的研究方向的中文书籍就很少了！ 这是本批判性很强的好书，读者们当然要用更强的批判力度来读这本书中所写的字字句句，不论同意与否，都要尝试给出好的理由。

翻译这本书，我的想法很单纯。作为一个教授博弈论的老师，我希望学生们在记忆、思考、解题之余，要能深层地检视这门学问的发展，培养好的学习、研究态度。然而就博弈理论这门学问而言，我们所处的环境不如欧、美、日等地成熟，所以若能有本好书而且认真地与它对话，或能稍稍弥补环境之不足。当我第一次读这本书的英文稿子时，就认为这本书应能扮演这个角色，而有将它译成中文的念头。

对于中文文字的掌握能力，我有自知不足之明，所以我的译文不求文字洗练、典雅，只期望能用简单、清晰的语言来精确地表达出原著的意思。然而对我而言，这本书牵涉的知识很广，我担心纵使退而求其次也不可得。

这个翻译工作的完成、出版，我要对很多人表示诚挚的谢意。2006 年的春天，我开始了这个工作，吴玲君女士、邢亦青先生当时都在新竹，他们参与阅读、讨论、协助我翻译这本书；曾盈智先生读了全部的稿子，也给了许多建议；由于台湾与大陆对某些人名、名词有不同的译法，刘水歌女士提供了这方面的知识；在整个翻译、出版的过程，魏炫女士、陈思廷教授、翟健教授都给予我多方面的帮助；崔晓倩教授，这本书的合译者，由于精通日本语文和文化，对于本书的翻译质量有很大的贡献。当然，我也咨询过许多其他人的意见，限于篇幅，我不将这些人名一一列出。

最后，要提到原书的作者——金子守教授，这位我认识多年的朋友，一个对学术诚恳的学者，从他身上我看到、学到很多。也只有他能写、会写这样的书。

张　企

2010 年 8 月 3 日

图书在版编目（CIP）数据

博弈理论与魔芋对话/(日）金子守著；张企，崔晓倩译．—杭州：浙江大学出版社，2010.9

书名原文：Game Theory and Mutual Misunderstanding

ISBN 978-7-308-07946-4

Ⅰ.①博… Ⅱ.①金…②张…③崔… Ⅲ.①对策论-通俗读物 Ⅳ.①O225-49

中国版本图书馆 CIP 数据核字（2010）第 174919 号

博弈理论与魔芋对话

（日）金子守 著 张企 崔晓倩 译

责任编辑 楼伟珊 叶敏
装帧设计 王小阳
插画绘制 Nobuhide Maeoka
出版发行 浙江大学出版社
（杭州天目山路 148 号 邮政编码 310007）
（网址：http：//www.zjupress.com）
排　　版 北京京鲁创业科贸有限公司
印　　刷 杭州杭新印务有限公司
开　　本 640mm×960mm 1/16
印　　张 17
字　　数 217 千
版 印 次 2010 年 11 月第 1 版 2010 年 11 月第 1 次印刷
书　　号 ISBN 978-7-308-07946-4
定　　价 42.00 元

浙江大学出版社发行部邮购电话（0571）88925591

浙江省版权局著作权合同登记图字：11－2010－109